INSTRUCTION

SUR LES

OBSERVATIONS MÉTÉOROLOGIQUES

A RECUEILLIR

DANS LES HOPITAUX MILITAIRES.

PARIS

LIBRAIRIE DE LA MÉDECINE, DE LA CHIRURGIE ET DE LA PHARMACIE MILITAIRES

VICTOR ROZIER, ÉDITEUR,

RUE CHILDEBERT, 11.

Près la place Saint-Germain-des-Prés.

1864

INSTRUCTION

OBSERVATIONS MÉTÉOROLOGIQUES

A RECUEILLIR

DANS LES HOPITAUX MILITAIRES.

PARIS

LIBRAIRIE DE LA MÉDECINE, DE LA CHIRURGIE ET DE LA PHARMACIE MILITAIRE

VICTOR ROZIER, ÉDITEUR,

RUE CHILDEBERT, 44,

Près la place Saint-Germain-des-Prés.

1864

Imprimerie de COSSE et J. DUMAINE, rue Christine 2

INSTRUCTION

SUR LES

OBSERVATIONS MÉTÉOROLOGIQUES

A RECUEILLIR DANS LES HOPITAUX MILITAIRES.

CIRCULAIRE

RELATIVE AUX DISPOSITIONS A SUIVRE PAR MM. LES MÉDECINS CHEFS DE SERVICE POUR LA CONSTATATION DES OBSERVATIONS MÉTÉOROLOGIQUES A FAIRE DANS LES HOPITAUX MILITAIRES.

Par suite des propositions faites par le Conseil de santé des armées, il est décidé que des observations météorologiques auront lieu chaque jour dans les hôpitaux militaires de l'intérieur, de l'Algérie et des armées en campagne, sous la direction et la responsabilité des médecins chefs de ces établissements, conformément aux indications d'une instruction spéciale qui va être insérée dans les Mémoires de médecine, de chirurgie et de pharmacie militaires.

A cet effet, il sera accordé à chaque établissement, lorsque le besoin en aura été reconnu, le matériel suivant, savoir :

1° Thermomètre à maxima de Negretti.
Thermomètre à minima de Rutherford.
Psychromètre d'August. Deux thermomètres ordinaires au mercure. Tube en verre pour mouiller le thermomètre destiné aux observations hygrométriques.

Nota. Tous ces instruments sont disposés sur un cadre en laiton et renfermés dans une petite boîte recouverte d'un treillage de laiton.

2° Baromètre de Fortin.
3° Pluviomètre, décuplant à vue la quantité d'eau tombée.

Ce matériel sera livré, à chaque établissement, par les soins du pharmacien comptable de la pharmacie centrale, à

Paris, dépositaire des modèles-types, et figurera dans les comptes en matières, sous les n^os assignés à chacun des objets par la nomenclature du 31 juillet 1857.

L'application des dispositions contenues dans l'instruction du Conseil de santé des armées abroge la teneur de a décision ministérielle du 27 juillet 1851, qui oblige l'officier de santé de garde à recueillir les faits météorologiques et à les consigner sur son rapport.

A l'avenir les observations météorologiques seront consignées journellement sur un registre du modèle annexé à la présente circulaire, qui restera déposé à la salle des conférences de l'hôpital pour être mis à la disposition des officiers de santé qui auraient à le consulter.

Les feuilles nécessaires à la composition de ce registre seront fournies imprimées par le comptable de chaque établissement et devront avoir 0^m,50 de largeur développée sur 0^m,38 de hauteur.

Ce registre sera visé tous les ans par l'inspecteur médical.

Il sera transmis le 5 de chaque mois au ministère de la guerre (bureau des hôpitaux et des invalides), pour être adressé ensuite au Conseil de santé des armées, un état des observations météorologiques du mois précédent, copié sur le registre prescrit par le paragraphe qui précède.

Cet état, certifié par le médecin chef de l'hôpital, parviendra par la voie hiérarchique, comme tous les autres documents concernant le service hospitalier.

Paris, le 30 octobre 1863.

Le Maréchal de France, Ministre secrétaire d'Etat de la guerre,

Signé : RANDON.

HOPITAL MILITAIRE
de

Observations météorologiques du mois de

DATES.	PESANTEUR atmosphérique.			TEMPÉRATURE à l'ombre.			HYGROMÉTRIE.				État du ciel.	Pluie ou neige.	VENTS.		OBSERVATIONS générales et particulières.	CONSTITUTION médicale.	DÉSIGNATION de l'officier de santé qui a constaté les faits météorologiques de chaque jour.
	Baromètre à 9 h. du mat.	Thermomèt. attaché.	Barom. réduit à zéro.	Maximum.	Minimum.	Moyenne.	Thermom. sec.	Thermomèt. mouillé.	Tension de la vapeur.	Humidité relative.			Direction.	Intensité.			
1																	
2																	
3																	
4																	
5																	
6																	
7																	
Totaux.																	
Moyennes																	

A FAIRE DANS LES HOPITAUX MILITAIRES.

5.

INSTRUCTION

SUR LES OBSERVATIONS MÉTÉOROLOGIQUES A RECUEILLIR DANS LES HOPITAUX
MILITAIRES.

Les phénomènes atmosphériques exercent, sur la constitution de l'homme et sur la production de ses maladies, une influence manifeste qui, soupçonnée de tout temps, est entrée de nos jours dans le domaine des faits incontestables. La météorologie tend donc à occuper, dans les sciences médicales, le rang qu'elle occupe déjà dans les sciences physiques, dont elle emprunte le secours et sur lesquelles elle s'appuie.

Les officiers de santé militaires, compagnons du soldat sous les climats les plus variés, soumis avec lui aux actions multiples du chaud et du froid, de la pluie, du vent, des orages, ont pu, mieux que les praticiens sédentaires, reconnaître toute l'étendue de ces influences et apprécier combien il importe, dans un intérêt purement pratique, de constater chaque jour les qualités de l'atmosphère et les rapports qu'elles présentent avec la constitution médicale régnante. Le nombre toujours croissant de demandes d'instruments de météorologie adressées par les chefs du service hospitalier, démontre suffisamment combien ils sont pénétrés, aujourd'hui, de l'importance de cette étude.

Il est difficile, à l'officier de santé en campagne, au milieu de ses préoccupations de service et des déplacements auxquels il est sans cesse exposé pour s'accommoder aux mouvements d'une armée, de s'astreindre aux détails des observations météorologiques; cependant quelques minutes chaque jour peuvent suffire pour les plus indispensables de ces observations, celles de la température, de l'humidité, de la direction des vents, etc. Nous verrons plus loin qu'un seul thermomètre, d'un très-petit volume, suffit pour les deux premières; divers procédés, simples et pratiques, applicables sans le secours d'aucun instrument, pourront donner, sur la marche du vent, des indications suffisantes. Les observations de cette nature, quelque incomplètes qu'elles soient, sont toujours utiles à enregistrer, parce qu'elles peuvent, dans certaines circonstances, établir de bons points de comparaison entre des localités rapidement parcourues et d'autres dont le climat est bien connu.

Mais cette instruction s'adresse surtout aux officiers de santé des hôpitaux, où l'on peut recueillir des observations suivies, sans avoir à craindre qu'elles soient interrompues par le déplacement des observateurs (1).

L'obligation de recueillir les faits météorologiques est, depuis longtemps, imposée dans les hôpitaux militaires, et la décision ministérielle du 27 juillet 1841 place ces observations dans les attributions du chirurgien de garde. Mais il faut bien reconnaître que cette partie du service a tou-

---

(1) Ce qui concerne plus particulièrement les officiers de santé attachés aux corps de troupes, en station, en marche, en expédition, ne pouvant être l'objet de prescriptions réglementaires, sera indiqué en note, dans la présente instruction.

jours laissé beaucoup à désirer, et la science n'a pu tirer qu'un faible profit de chiffres sans garanties sérieuses d'exactitude. Cet état de choses est regrettable, sans doute, mais il est facile de s'en rendre compte : l'utilité de ces observations était moins appréciée autrefois qu'aujourd'hui, et la plupart des chefs de service n'y portaient qu'un médiocre intérêt. Une seule personne ne pouvant en être chargée, la responsabilité, ainsi disséminée, devenait illusoire, et chaque chirurgien sous-aide, indistinctement, ne pouvait offrir les garanties d'aptitude spéciale réclamées pour ces observations, qu'il fallait recueillir plusieurs fois dans la journée. Enfin, les instruments, distribués sans règle fixe, étaient souvent mal confectionnés et donnaient des indications inexactes.

Il importe, au contraire, pour obtenir des résultats satisfaisants et comparables, de confier, dans chaque hôpital, le soin des observations météorologiques à une seule personne qui en prenne la direction et la responsabilité; de n'en faire une obligation qu'à l'une des heures où la présence à l'hôpital est obligatoire à tous les officiers de santé; d'établir, pour leur inscription, un modèle de tableau uniforme, indépendant du rapport de garde; de n'opérer, enfin, qu'à l'aide d'instruments bien confectionnés et dignes de confiance.

Les observations répétées à plusieurs heures de la journée ont une incontestable utilité; des faits importants peuvent, en effet, s'accomplir dans l'intervalle des mêmes heures de deux jours consécutifs; mais les observations multiples exigent une assiduité qu'on ne saurait guère demander à un seul observateur, dont le temps est réclamé par d'autres travaux et d'autres études, et, d'ailleurs, elles ne sont pas indispensables. Une seule observation, à neuf heures du matin, sera donc exigée ; toutefois quelques colonnes supplémentaires pourront être tracées au tableau, et remplies facultativement par des observations horaires. Une colonne d'*annotations* est, en outre, destinée à l'indication de tous les phénomènes qui n'ont point de colonnes distinctes et de tous les faits météorologiques, accomplis d'un jour à l'autre, qui sembleraient offrir quelque intérêt, tels que neige, tempête, orage, etc.

Chaque observation sera journellement inscrite en double, sur une feuille volante et sur un registre formé par la réunion de feuilles du même modèle. Ce registre, déposé à la salle des conférences, restera à l'hôpital à la disposition des officiers de santé qui auraient à le consulter ; la feuille volante sera mensuellement adressée au Ministre de la guerre par la voie hiérarchique.

Pour assurer la bonne exécution de cette partie du service, S. Exc. le Ministre de la guerre a adopté, sur la proposition du Conseil de santé, une série d'instruments dont les modèles sont déposés au magasin central des hôpitaux et qui seront exclusivement mis en usage dans les établissements hospitaliers de l'armée. Ces instruments ne seront admis et expédiés qu'après vérification.

La répartition des instruments de météorologie dans les divers hôpitaux sera, désormais, soumise à des règles fixes établies, non-seulement d'après l'importance des établissements, mais encore suivant des conditions particulières, climatologiques ou autres, que le Conseil de santé aura mission d'apprécier.

Température. — Les modifications incessantes que subit la température du milieu dans lequel nous vivons sont, de tous les phénomènes atmosphériques, ceux qui importent le plus au médecin, en raison de la puissante influence qu'ils exercent sur l'homme, sur la forme et la nature de ses maladies. On doit tenir compte des variations de la température suivant les jours, les mois, les saisons, les années.

La première détermination à faire est celle du degré le plus élevé et du degré le plus bas auxquels le thermomètre s'arrête chaque jour, soit le *maximum* et le *minimum* diurnes. On sait, en effet, que de nombreux états morbides semblent étroitement liés à de grands écarts dans la température *nyctémérale;* telles sont, par exemple, les affections rhumatismales ou celles des voies respiratoires.

On fait usage, pour ce genre d'observations, de thermomètres qui indiquent eux-mêmes ces points maxima et minima.

Maxima. — On a imaginé de nombreux thermomètres à maxima, fondés sur des principes différents; les uns, réservés à certaines recherches spéciales, sont d'un maniement trop difficile et d'un jeu trop compliqué pour servir à des observations journalières; tels sont, par exemple, les thermomètres *à déversement* de M. Walferdin; les autres offrent des inconvénients que nous allons faire connaître. Les maxima les plus usités sont des thermomètres ordinaires à mercure, munis d'un index émergé et circulant librement dans la tige de l'instrument. Le thermomètre étant placé horizontalement, l'index, poussé par la colonne mercurielle dilatée, indique naturellement, suivant sa position, le point le plus élevé de la course dans l'intervalle de deux observations consécutives. Cet index, ordinairement en acier, s'oxyde à la longue par son contact avec la petite quantité d'air restée dans la tige, et contracte des adhérences avec le mercure. Il est, dès lors, mis hors d'état de servir. On a proposé, récemment, de remplacer l'index métallique par un index en bois de chanvre; l'inconvénient qui vient d'être indiqué n'existe plus, mais il reste un défaut grave, commun à tous les index, c'est que le mercure, surtout pendant les mouvements, glisse par-dessus l'index, le noie, et l'instrument exige, pour être approprié de nouveau à sa destination, une opération difficile que peu de personnes savent exécuter. Ces instruments supportent donc très-difficilement le transport, et, presque toujours, ils arrivent hors de service (1).

---

(1) Le maximum à bulle d'air de M. Walferdin est un instrument simple et fort commode, mais son maniement exige quelque habitude, et il se brise facilement en des mains inexpérimentées. Comme la plupart des thermomètres à mercure gradués sur tige peuvent être maximés (expression consacrée), il est utile de faire connaître aux officiers de santé le moyen de les approprier à cette destination. Cette opération suppose, ce qui est presque toujours, que le thermomètre ordinaire à

Après avoir examiné avec soin tous les systèmes proposés, le Conseil de santé a porté son choix sur le thermo-

---

mercure n'a pas été entièrement purgé d'air. Pour le maximer, il suffit de faire arriver la colonne mercurielle jusqu'au sommet de la tige, en inclinant l'instrument, et de frapper, par son extrémité supérieure, un petit coup sec sur le doigt ou sur le dos de la main, pour détacher une gouttelette de mercure qui tombe dans la *chambre* ménagée au sommet du tube. Cela fait, en redressant le thermomètre le mercure reprend la place qu'il occupait avant l'opération, moins la gouttelette, qui reste dans la chambre. Il suffit, alors, d'imprimer à l'instrument une petite secousse verticale ou un tour de rotation pour que cette gouttelette, cédant à la force centrifuge, redescende elle-même dans le tube ; mais elle ne peut se réunir à la colonne, parce qu'elle a chassé devant elle une bulle d'air qui s'est interposée, et elle forme un index qui reste constamment distinct. Un bon index doit occuper l'espace de trois à quatre degrés ; mais il y a peu d'inconvénient à ce qu'il en comprenne un plus grand nombre, dix ou douze, par exemple. Cette opération est généralement facile ; cependant, comme nous l'avons dit, elle demande quelques précautions et un peu d'habitude. Agit-on d'une manière trop brusque, on peut briser l'instrument ; si, au contraire, le mouvement est trop timide, on ne réussit pas à détacher la gouttelette. On engage donc les officiers de santé qui font l'acquisition d'un thermomètre à s'assurer, près du constructeur, s'il peut être maximé, et à faire faire l'opération sous leurs yeux.

Voici comment on se sert de cet instrument. La colonne mercurielle chasse cet index devant elle, en s'élevant d'une manière lente et graduelle par l'effet de la température. On lit donc le maximum au sommet du point occupé par l'index ; mais il faut en déduire l'épaisseur de la bulle d'air interposée, qui est ordinairement de quelques fractions de degré, et qui donne une valeur constante. Supposons, par exemple, que l'index soit arrêté à 25°,7 et que la bulle d'air occupe un espace

mètre à maxima de Negretti, d'un maniement facile et qui ne peut être dérangé lorsqu'il a été bien établi. Voici le principe sur lequel repose cet instrument : le constructeur a ménagé, au col de la tige, entre celle-ci et le réservoir, un étranglement qui ne s'oppose pas à l'expansion et à la sortie du métal dilaté par la chaleur, mais qui apporte un obstacle à la rentrée de la portion de mercure engagée dans la tige. Lors donc que la température s'abaisse, après avoir atteint le maximum, la contraction s'opère dans le réservoir, mais il se forme un vide entre les deux parties du mercure situées au-dessous et au-dessus de l'étrangle-ment; quant à cette dernière partie du mercure, elle se con-

------

égal à 0°,3 ; on aurait, pour maximum vrai, 25°,7 — 0°,3 = 25°,4.

L'instrument en observation ne doit pas être laissé en position verticale : la pesanteur pourrait déplacer l'index, surtout s'il avait une grande étendue ; il faut le placer presque horizontalement, en relevant la partie supérieure de la tige sous un angle de 15° environ.

Lorsque l'observation est terminée il suffit, ordinairement, d'imprimer au thermomètre un mouvement de demi-cercle, avec une secousse brusque ; quand le calibre du tube est très-capillaire on est, parfois, obligé de faire parcourir à l'instrument un ou deux tours de rotation à l'aide d'une ficelle d'environ 50 cent. placée dans l'anneau qui le surmonte.

On conçoit aisément que le thermomètre maximé puisse également servir aux observations habituelles de la température, en ajoutant la longueur de l'index à la lecture faite sur la colonne mercurielle. Supposons, par exemple, que cette longueur soit égale à 3°,2 et que la colonne mercurielle, au moment de l'observation, soit de 18°,4 ; la température serait 18°,4 + 3°,2 = 21°,6.

tracte évidemment aussi, mais d'une quantité si faible qu'elle est insensible, en raison de la petite quantité de métal qu'elle contient. Le maximum reste donc indiqué par le sommet du ménisque convexe qui termine la colonne.

Minima. — Le thermomètre à minima le plus simple et le plus usité est celui de Rutherford. Il est à alcool, et un index en émail, plongé dans le liquide, est entraîné par la contraction de celui-ci, jusqu'au point qui marque la température la plus basse ; mais il reste en place lorsque l'alcool reprend son mouvement ascensionnel ; dans le premier cas, il est maintenu dans le liquide par l'adhérence des molécules qui le mouillent avec celles de la masse d'alcool ; dans le second cas, où cette puissance n'est pas en jeu, la résistance qu'offre le poids de l'index reposant sur la paroi inférieure du tube horizontal, suffit pour le maintenir en place, et le liquide glisse dans l'espace laissé libre entre cet index et la paroi supérieure. La lecture du minimum doit se faire à l'extrémité de l'index voisine du sommet de la colonne ; si l'on veut connaître la température au moment de l'observation, la lecture doit se faire à la base du ménisque concave qui termine cette colonne.

On a généralement, aujourd'hui, abandonné l'alcool coloré pour se servir d'alcool pur et incolore ; la matière tinctoriale subit, à la longue, un déplacement et forme un dépôt qui vient encrasser l'index et s'opposer à sa libre circulation.

Mais tous les thermomètres à l'alcool ont un inconvénient qu'il convient de signaler et dont l'instrument de

Rutherford n'est pas à l'abri. La partie supérieure de la colonne liquide se volatilise par les températures élevées, et la vapeur d'alcool vient se condenser dans la portion supérieure du tube; il se forme donc une petite colonne supplémentaire aux dépens de la masse liquide; et cette perte, qui s'augmente indéfiniment, est une source d'erreurs. Il faut donc, de temps à autre, surtout durant l'été et dans les climats chauds, vérifier son instrument, et, si l'on remarque la séparation indiquée, on doit s'empresser d'y remédier, ce qui est toujours facile.

Il suffit ordinairement, à cet effet, de tourner l'instrument en fronde; mais l'air qui s'interpose entre les divisions de la colonne ne permet pas toujours de réussir. Il peut être nécessaire, alors, de chauffer le réservoir à la lampe à alcool, jusqu'à ce que la colonne soit arrivée au contact de la partie séparée et se soit réunie à elle. Cette dernière opération doit se faire avec précaution, et l'on ne doit pas oublier qu'il faut le moins possible élever un thermomètre à une température de 50 degrés environ ou au-dessus, à cause du déplacement du point correspondant à zéro, qui en est la conséquence inévitable (1).

---

(1) Les observateurs ne doivent pas ignorer non plus que la dilatation de l'alcool n'est pas régulière, qu'il n'indique pas, à tous les degrés, une même température pour un même espace parcouru. Ce thermomètre exige donc, dans sa graduation, des précautions qui ne sont prises que par les bons constructeurs. Il est utile, lorsqu'on a des doutes sur la provenance d'un instrument, de le comparer à diverses températures, avec un bon thermomètre au mercure, et de tenir compte des discor-

La lecture, à neuf heures du matin, des deux instruments qui viennent d'être décrits, donne le maximum *de la veille* et le minimum du jour ; il est fort rare que le minimum tombe à une heure plus avancée, et c'est toujours, alors, le résultat d'une intempérie dont il faut tenir compte.

Aussitôt l'observation prise, il faut régler les instruments pour l'observation suivante. Il suffit, à cet effet, de renverser le cadre de laiton qui renferme le jeu de thermomètres, de telle sorte que la colonne du maximum vienne se rejoindre à la masse mercurielle dont elle s'est séparée ; par le même mouvement, l'index du minimum, qui était rapproché du réservoir par la contraction du liquide, est ramené au sommet de la colonne. Bien que la pesanteur suffise ordinairement pour produire ce double effet, il peut être utile de le favoriser par un léger choc imprimé au cadre ou aux instruments eux-mêmes.

Moyenne. — De l'observation des maxima et minima se déduit la *moyenne*, l'un des éléments les plus importants de la climatologie. C'est par la connaissance, quoique bien imparfaite encore, de la température moyenne d'un grand nombre de points du globe, que l'illustre de Humboldt a pu suivre et tracer ses lignes isothermes, si intéressantes pour l'histoire physique de notre planète.

---

dances. C'est ainsi qu'un instrument, quelque mauvais qu'il soit, peut encore être utilement employé.

Les thermomètres livrés par l'administration de la guerre ne sont point entachés de ce grave défaut.

On peut obtenir la moyenne thermique d'un jour en prenant la demi-somme de ses extrêmes. Soit, par exemple, le maximum 22°,4 et le minimum 12°,7. La somme de ces deux nombres étant 35°,1, on a pour moyenne 17°,55. Cette méthode n'est pas d'une extrême rigueur, mais elle donne des résultats approximatifs très-suffisants, dont la plupart des observateurs se contentent. La moyenne ainsi obtenue est trop élevée, généralement, de quelques fractions de degré; mais cette erreur est sans importance pour les besoins de la météorologie médicale, et on peut toujours la corriger à l'aide du coefficient calculé par Kaëmtz pour chacun des mois de l'année (1) (2).

---

(1) *Cours complet de Météorologie*, par L. F. Kaëmtz, traduit et annoté par Ch. Martins. Paris, 1843 et 1858. Cette deuxième édition n'est qu'une réimpression de la première, sans aucune modification. Il serait à désirer que le livre de ce météorologiste fût entre les mains de tous les observateurs.

(2) Différentes méthodes, utiles à connaître, permettent de détermi-ner la température moyenne d'un lieu. La seule rigoureusement exacte serait l'emploi d'appareils qui enregistrent eux-mêmes la température d'une manière continue ; mais ces appareils sont compliqués, fort coû-teux et, jusqu'ici, n'ont trouvé place que dans quelques grands obser-vatoires. On y arriverait encore par l'observation des températures de chaque heure ; divisant le total obtenu par le nombre des observations prises en 24 heures, on aurait la température moyenne de la journée. On comprend que cette méthode soit généralement impraticable. De Humboldt a, le premier, reconnu que la température à neuf heures du matin s'éloigne peu de la moyenne diurne ; mais les résultats obtenus

*Humidité atmosphérique et tension de la vapeur con-
tenue dans l'air.* — Les hygromètres sont des instruments

---

ainsi ne sont pas les mêmes sous toutes les latitudes, et la moyenne
établie sur cette seule donnée serait naturellement fausse *sous les climats variables.* La demi-somme des températures de neuf heures du
matin et de huit heures du soir donnerait une plus grande approxi-
mation.

La moyenne des mois d'avril et d'octobre peut être aussi considérée
comme représentant approximativement la moyenne de l'année.

On a observé, enfin, que la température des sources et celle des puits
est peu éloignée de la moyenne du lieu où ils existent. Les observateurs sédentaires feront donc bien de noter, à chaque saison au moins,
la température de ces eaux. Les officiers de santé qui voyagent avec des
corps de troupes ne devront jamais négliger l'occasion de plonger leur
thermomètre dans toutes celles qui se trouvent sur leur passage, même
dans les ruisseaux et les rivières, en indiquant, en même temps, le
degré de la température extérieure.

Les officiers de santé en campagne ou en marche peuvent, avec le
thermomètre unique, que nous leur supposons, faire d'intéressantes
études de température. Indépendamment des observations à différentes
heures de la journée, ils peuvent en faire qui indiquent la température
vraie dans toutes les circonstances au milieu desquelles l'homme est
placé, température au soleil, à l'ombre, sur le sol, sous la tente ouverte ou
fermée, sur le cheval, au niveau de la tête du cavalier. Ces observations
suffiront souvent pour se rendre compte d'une foule d'accidents généraux
qui frappent les uns, épargnent les autres. Pour observer à l'ombre il faut
suspendre l'instrument contre un mur, sous un arbre, ou, à défaut de
ces abris, sur un des côtés de la tente. Enfin, comme les différentes
couches d'air dans lesquelles nous sommes plongés n'ont pas une égale
température, il convient, pour obtenir la moyenne de ces diverses

destinés à mesurer la proportion de vapeur d'eau mélangée à l'air et le degré de tension de cette vapeur. Les instruments imaginés dans ce but sont nombreux, mais la plupart ne donnent que de fausses indications; d'autres sont trop compliqués pour servir à des observations journalières; tels sont, parmi ces derniers, les hygromètres de Daniel et de M. Régnault.

L'hygromètre à cheveu de de Saussure a été longtemps en usage, mais il est si peu comparable avec lui-même et avec d'autres instruments semblables, qu'on l'a presque entièrement abandonné aujourd'hui.

Le plus usuel est le *psychromètre d'August;* malgré quelques défauts que nous signalerons tout à l'heure, il est d'une application simple et facile. Il se compose de deux thermomètres à mercure de même forme et d'une égale sensibilité.

La boule de l'un des instruments t' est couverte d'un tissu de gaze ou de toute autre étoffe légère, sur laquelle un réservoir, armé d'une mèche, laisse constamment égoutter de l'eau. Le second thermomètre t n'offre aucune disposition particulière. Voici la théorie de cet instrument : l'eau qui couvre la boule t' tend à se vaporiser avec une activité proportionnelle à l'état de sécheresse de l'air. En effet, l'évaporation serait nulle dans un air saturé d'humidité; elle serait, au contraire, extrêmement rapide, si

---

couches, d'imprimer au thermomètre quelques tours de mouvement en ronde pendant que l'on marche.

l'air en était entièrement privé. Mais l'eau ne peut se vaporiser qu'en empruntant du calorique au milieu ambiant; le mercure contenu dans la boule t' cède donc une portion de ce calorique, et son abaissement de température est en raison directe de l'énergie de l'évaporation.

On conçoit qu'entre ces deux points extrêmes où l'évaporation est nulle et maxima, les états intermédiaires soient traduits par une différence de température plus ou moins grande des deux instruments. Il suffit, dès lors, de faire usage d'une table construite à cet effet (table n° 1), pour convertir la différence observée entre les deux thermomètres en état hygrométrique de l'air.

La même table donne également la valeur correspondante de la tension de la vapeur d'eau contenue dans l'atmosphère.

La boule sèche du psychromètre sert parfaitement à l'observation des températures horaires, et la plupart des météorologistes indiquent la température atmosphérique d'après cet instrument (1).

------

(1) Il est presque inutile de dire que, lorsqu'on n'a pas à sa disposition un appareil instrumental convenablement organisé, on peut toujours improviser un psychromètre avec deux thermomètres quelconques comparés et corrigés. Les résultats pourraient n'être pas d'une rigoureuse exactitude et donner cependant d'utiles indications. Il suffirait de mouiller la boule t' quelques minutes avant l'observation et de prendre le moment du plus grand écart entre les deux instruments. Un seul thermomètre peut même, à la rigueur, suffire pour les observations psychrométriques. On reconnaît la température de l'air en faisant

Il nous reste à signaler deux défauts inhérents au psychromètre d'August. 1° L'intensité du vent exerce de l'influence sur l'énergie de l'évaporation ; par un vent violent on pourrait donc obtenir des résultats incertains. Mais on peut compter sur l'exactitude des observations quand le vent n'a qu'une intensité faible ou moyenne. 2° Lorsque la température est au voisinage de zéro, soit au-dessus, soit au-dessous, les indications du psychromètre manquent de précision ; cependant il peut encore fournir des approximations qui ne sont pas à négliger.

La table construite pour les températures correspondant à la congélation de l'eau est basée sur ce fait bien connu que la glace, elle-même, est soumise à l'évaporation, quoique faiblement en comparaison de l'eau.

---

tourner en fronde l'instrument sec. La lecture étant faite rapidement, on couvre la boule d'une petite chemise en gaze, d'un peu de ouate de coton, ou même d'une légère bande de papier non collé ; on humecte d'eau cette enveloppe et on détermine le plus grand abaissement possible par un nouveau mouvement de rotation. Cette deuxième partie de l'opération étant terminée, on enlève l'enveloppe humide, on sèche complétement la boule et on attend quelques minutes pour être assuré que le thermomètre a repris la température ambiante ; on lui imprime alors de nouveau quelques tours de fronde et on prend la température, qui peut offrir quelques différences avec la première lecture. La moyenne entre les deux donne la vraie température de l'air et se compare avec les résultats qu'a donnés le thermomètre mouillé.

Ces observations, prises dans les expéditions, en Algérie, offriraient un grand intérêt et peuvent se faire à toutes les haltes et même en marche.

Emplacement des thermomètres. — Dans les modèles adoptés pour les hôpitaux militaires, les quatre thermomètres dont il vient d'être question sont réunis dans un cadre de laiton auquel ils sont fixés à l'aide de cordelettes fort résistantes. Ce mode de suspension a semblé le plus avantageux, parce que les instruments sont maintenus solidement, tout en conservant entre eux une élasticité qui les protége, dans une certaine mesure, contre les chocs extérieurs. La forme du cadre indique que ces instruments doivent être placés horizontalement.

Le choix d'un bon emplacement pour les thermomètres est toujours chose assez difficile. Ils doivent être complétement à l'abri de l'action solaire, soit directe, soit réfléchie par le sol ou par des surfaces voisines ; ne pas être exposés à la pluie ni au rayonnement ; être préservés des vents violents, mais disposés, cependant, de manière à recevoir l'influence des vents modérés.

Le simple exposé de ces conditions suffit pour indiquer les mesures à prendre, suivant les dispositions locales. Deux planches verticales, isolées de tout bâtiment, convenablement orientées, protégées par un petit toit de quelques décimètres de largeur, offriraient un excellent mode de suspension pour cet appareil à thermomètres.

Si on doit l'appuyer à un bâtiment, il est nécessaire qu'il reste éloigné de 20 à 30 centimètres du mur pour n'en pas recevoir l'influence.

A défaut d'autre emplacement on peut suspendre ces instruments en dehors d'une croisée du premier étage, à bonne exposition, et qu'on n'ouvre point en dehors des heures d'observation. Il faut, dans ce cas, ne pas les mettre en contact immédiat avec la croisée elle-même, qui leur communiquerait, en partie, la température de la chambre.

Il est expressément recommandé aux observateurs de donner, au sujet de l'emplacement de leurs instruments, des détails circonstanciés avec l'envoi de leur premier bulletin mensuel.

Lecture des thermomètres. — Bien que ces instruments ne soient divisés sur la tige que par degrés, il est cependant nécessaire d'indiquer les dixièmes de degré ; avec un peu d'habitude on parvient aisément à opérer, à vue, la division d'un degré en dix parties. M. Walferdin propose le procédé suivant pour faciliter cette petite opération aux observateurs débutants :

Le degré *fort* . . . . =	$+ \ 0°,10$
Le quart *faible* . . . . =	$0°,20$
Le quart. . . . . =	$0°,25$
Le quart *fort* . . . . =	$0°,30$
La moitié *faible* . . . . =	$0°,40$
La moitié . . . . =	$0°,50$
La moitié *forte* . . . . =	$0°,60$
Les trois quarts *faibles* . . . . . . =	$0°,70$
Les trois quarts. . . . . =	$0°,75$
Les trois quarts *forts* . . . . =	$0°,80$
Le degré *faible* . . . . =	$0°,90$

Remarques générales au sujet des thermomètres. — Les observateurs sont souvent surpris de reconnaître que deux ou plusieurs thermomètres, dont la bonne confection leur est garantie, n'ont pas une marche parallèle, bien qu'exposés aux mêmes influences atmosphériques. Le désaccord peut s'élever à plusieurs dixièmes de degré, et même à un degré ou plus. On s'empresse, mais à tort, d'en accuser le constructeur et son mode de graduation. Tous les thermomètres bien faits doivent indiquer une même température dans un liquide, dans l'eau, par exemple, pour tous les degrés de leur échelle ; mais dans l'air les différences qui existent entre les pouvoirs absorbant et émissif de l'alcool (incolore ou coloré), du mercure ou même du verre qui forme le réservoir, se traduisent par une légère différence de température lorsque les thermomètres se trouvent dans les conditions qui tendent à provoquer la formation de la rosée.

Quelques observateurs, pour tenir compte de ces différences, se servent simultanément de thermomètres à boule peinte en noir et en blanc, ou même argentée. Deux instruments ainsi disposés, bien que parfaitement comparables lorsqu'ils sont placés dans un milieu où ils ne s'échauffent ou ne se refroidissent *que par contact*, accuseront des différences notables, s'ils peuvent rayonner vers des corps de température différente de celle du milieu qui les entoure. Dans l'eau ou dans une chambre close, la température indiquée sera donc la même, tandis que par une nuit sereine les deux instruments placés dans un lieu découvert pourront différer de plusieurs degrés.

L'intensité de la lumière apporte aussi, dans les indications des thermomètres, des différences appréciables : tandis que dans l'*obscurité* (et à l'abri du rayonnement vers l'espace) les thermomètres au mercure, à l'alcool coloré et à l'alcool incolore, marquent un accord complet, il se manifeste entre eux, à la lumière, un désaccord proportionnel à l'intensité lumineuse. C'est un phénomène de *diathermansie* dû à la différence dont chacun de ces liquides absorbe, réfléchit ou transmet le *calorique lumineux.*

L'alcool incolore se laisse facilement traverser et s'échauffe difficilement; l'alcool coloré réfléchit davantage, mais il transmet peu et conserve ce qu'il a absorbé. Le mercure est, sous ce rapport, intermédiaire à ces deux liquides.

La mesure des maxima et des minima diurnes ne souffre pas, d'ailleurs, de ces irrégularités, parce que les instruments doivent être préservés du rayonnement, et que l'un des extrêmes, le minimum, tombe à un instant de la journée que la lumière influence encore faiblement et pendant lequel les deux instruments s'accordent; les différences, entre les extrêmes de température, sont donc les mêmes que si la double observation avait été faite à l'aide de deux thermomètres à mercure.

Une autre cause de désaccord est celle-ci : le matin la température est ascendante, le soir elle est descendante, et les thermomètres indiquent la température du moment précis avec d'autant plus de fidélité qu'ils sont plus *sensibles ;* or cette sensibilité, pour des instruments faits avec un même liquide et de même forme, est en raison inverse du volume de la boule. Il faut donc plus de temps à une boule volumineuse qu'à une boule de faible calibre, de forme semblable, pour entrer en équilibre de température avec le milieu ambiant. — En d'autres termes, la rapidité de mise en équilibre varie comme *le rapport de la surface du réservoir à sa capacité.*

Quand les thermomètres à mercure sont neufs, et pendant les deux premières années environ qui suivent leur construction, il s'opère en eux un mouvement moléculaire qui élève leur zéro, et par conséquent toute l'échelle, de deux à quatre ou cinq dixièmes de degré, même plus, au-dessus de leur graduation. Il est donc important, pour ne pas enregistrer des résultats inexacts, de vérifier la position du zéro de temps à autre, soit en comparant ces instruments à un thermomètre devenu fixe, soit, ce qui est mieux encore, en les plongeant dans de la glace ou de la neige fondante placée dans un entonnoir, lorsqu'on peut s'en procurer.

Les thermomètres à mercure, livrés par l'administration de la guerre, sont gradués trop bas de quelques dixièmes de degré, pour arriver, autant que possible, à un zéro exact lorsqu'ils auront pris leur point définitif (1).

---

(1) Pour faire de bonnes observations, il faut, avant tout, de bons instruments ou, du moins, soigneusement comparés et corrigés ; à cette condition seule elles peuvent être utiles à la science. On ne saurait trop insister auprès des officiers de santé qui veulent se livrer à la météorologie en dehors des obligations réglementaires, pour qu'ils apportent une scrupuleuse attention dans le choix des instruments dont ils veulent se munir et ne les acceptent qu'après leur vérification par des hommes

Pesanteur atmosphérique. — Le baromètre est l'instrument destiné à mesurer le poids de la colonne atmosphérique qui s'élève sur nous et nous environne. Le baromètre à mercure est le plus rigoureux de tous les instruments de météorologie ; ses erreurs sont toujours dues à des défauts de construction.

Le plus grand inconvénient de cet instrument est d'être difficilement transportable ; cependant Gay-Lussac lui a donné des dispositions qui le mettent à la portée des voyageurs. Le baromètre connu sous le nom de Fortin convient à la fois pour les météorologistes voyageurs et pour les observations sédentaires. C'est celui que l'on a adopté pour le service des hôpitaux militaires.

Dans les baromètres ordinaires à cuvette, le niveau du réservoir de mercure, subissant lui-même les influences diverses de la pression atmosphérique, s'élève ou s'abaisse au gré de cette pression ; ce défaut de constance dans le

---

compétents. Quelques fabricants seulement peuvent, à Paris, inspirer de la confiance ; en province, ils sont bien plus rares encore. On construit de petits thermomètres extrêmement portatifs, ne dépassant pas 14 à 15 centimètres de longueur, gradués sur tige, faciles à maximer et à tourner en fronde. Ce sont les plus avantageux. Il convient que leur graduation embrasse seulement les degrés que peut atteindre la température atmosphérique dans le pays où l'on veut observer ; pour les pays méridionaux, quelques degrés seulement au-dessous de zéro et 50 à 60° au-dessus. Plus le degré a d'étendue, plus il est facile d'en apprécier un 10°, et, comme on l'a déjà dit, ces fractions ne doivent jamais être négligées.

niveau au-dessus duquel doit s'élever la colonne barométrique est une cause d'erreur à laquelle le constructeur
Fortin a remédié par une vis placée à la base de la cuvette,
et qui soulève ou abaisse à volonté la masse mercurielle,
de manière à maintenir un niveau constant au moment des
observations. Ce niveau est déterminé par une pointe d'i-
voire à laquelle on fait affleurer le mercure.

La lecture du baromètre Fortin comprend trois opéra-
tions distinctes et successives :

1° Faire affleurer la pointe d'ivoire à la surface du mercure du réservoir, par le jeu de la vis placée au-dessous ;

2° Prendre la température du thermomètre fixé à l'instrument ;

3° Lire la hauteur de la colonne mercurielle, en amenant
le zéro du vernier au niveau du sommet du ménisque, pour
apprécier les dixièmes de millimètre. Il est important que
le rayon visuel soit rigoureusement parallèle au plan infé-
rieur du vernier, c'est-à-dire horizontal, pour éviter les erreurs du *parallaxe*.

Avant l'observation il est utile de donner sur la monture
quelques légers coups, soit avec un crayon, soit avec l'extrémité du doigt, pour détruire l'adhérence du mercure au
verre, qui retarde le mouvement d'ascension ou de retrait
du liquide.

Mais la hauteur de la colonne ainsi observée représente
à la fois et la pesanteur atmosphérique et l'élévation du
mercure due à la température ; il faut donc réduire cette

hauteur à ce qu'elle serait si le thermomètre de l'instrument était à zéro. C'est là le but de la table n° 2.

Pour avoir la valeur du poids de l'atmosphère il faut tenir compte de l'altitude du point où se font les observations. On doit donc noter exactement la hauteur de la cuvette du baromètre au-dessus du niveau de la mer. Cette détermination est toujours facile dans les villes où des cotes de nivellement ont été établies par le service des ponts et chaussées. En campagne et dans une partie de l'Algérie ce soin est dévolu aux officiers du corps d'état-major, à l'obligeance desquels on pourra toujours s'adresser. L'élévation de la cuvette au-dessus d'un point voisin, dont l'altitude est déjà connue, peut toujours se déterminer avec facilité. — Si l'on pouvait disposer de deux baromètres pour cette opération préliminaire, il suffirait de se rappeler qu'à une élévation peu considérable au-dessus de la mer la différence entre les deux instruments placés, l'un à la station connue, l'autre à la station à déterminer, est de 1^{mm} pour $10^{m},50$ d'altitude.

Lorsqu'on manque des moyens de connaître l'élévation à laquelle on observe, il faut le mentionner et indiquer exactement l'emplacement du baromètre, pour établir ultérieurement cette donnée. Une série d'observations bien faites pendant plusieurs années peut même suffire au nivellement d'une contrée, par le calcul des moyennes annuelles.

Les mouvements du baromètre sont de deux sortes : les uns, réguliers, périodiques, constituent la *période diurne*, marquée par un maximum vers 9 ou 10 heures du matin ;

un autre de 4 à 5 heures du soir et une moyenne vers 1 heure, et par un mouvement semblable, mais moins prononcé, du soir au matin. Cette allure périodique est extrêmement régulière et prononcée dans les climats intertropicaux; elle s'affaiblit en s'avançant vers le nord et les variations irrégulières la masquent souvent; cependant, sous le climat de Paris, il suffit de dix jours d'observations pour en constater l'existence.

Il est évident qu'avec une seule observation par jour ces mouvements nous échappent; mais l'influence qu'ils peuvent exercer sur l'homme n'a pas encore été reconnue, et, selon toute apparence, elle doit être bien faible. Il est possible, cependant, que cette périodicité se lie physiologiquement à quelques-unes des fonctions périodiques de l'organisme vivant.

Les mouvements irréguliers qui constituent l'oscillation barométrique sont d'une tout autre importance. Il serait utile de noter les grandes perturbations qui surviennent en dehors de l'heure d'observation, mais, le plus souvent, rien ne nous en avertit. Il faudrait, surtout, consulter fréquemment le baromètre en hiver et dans les temps incertains qui menacent d'une modification dans l'équilibre de l'atmosphère; en été, surtout dans le Midi, il se passe souvent un temps assez long sans aucun mouvement barométrique digne de quelque intérêt.

Il ne faut pas oublier que l'observation de 9 heures du matin donne un maximum, ou à peu près; la différence entre ce maximum et la moyenne, qui tombe vers 1 heure, varie, suivant les climats, entre 0^{mm} et 1^{mm} environ. Mais cette observation unique suffit pour indiquer la variation entre deux jours consécutifs, qui nous offre le plus d'intérêt.

L'emplacement à choisir pour le baromètre n'offre aucune difficulté sérieuse, puisque la pression s'exerce avec une égale énergie sur tous les points d'une même région situés à la même altitude. Il faut seulement le maintenir dans une position verticale, à l'abri des courants d'air, des rafales de vent et des changements brusques de température.

Pluies. — On constate, par des instruments de formes variées appelés *pluviomètres*, la quantité de pluie qui tombe sur une surface donnée.

Le pluviomètre adopté pour les hôpitaux militaires est en zinc et construit comme il suit :

1° Un entonnoir à bord supérieur tranchant, parfaitement circulaire, d'un diamètre de 20 cent. et d'une hauteur de 4 cent. ;

2° Un récipient cylindrique, qui décuple la hauteur de la quantité d'eau tombée dans l'aire de l'entonnoir ;

3° Un tube gradué correspondant à la capacité de ce récipient, communiquant avec lui et indiquant à vue la quantité d'eau tombée, par centimètres pour millimètres de pluie ;

4° Cet appareil suffit pour des chutes d'eau qui ne dépasseraient pas 22^{mm} dans l'intervalle de deux observations. Si la pluie était plus abondante, ce qui est fort exceptionnel, un tube de gutta-percha, adapté à l'extrémité supérieure du tube en verre gradué, ferait l'office de siphon et verserait l'excédant du liquide dans un vase de forme quelconque auquel on le ferait aboutir si la saison ou le climat pouvaient faire prévoir une chute d'eau inusitée. Il suffirait alors, après avoir mesuré la quantité d'eau restant dans le récipient et l'avoir vidée, de reverser dans l'entonnoir toute l'eau contenue dans ce vase, pour la mesurer à son tour (1).

---

(1) Il peut être intéressant pour les officiers de santé de noter les conditions pluviométriques dans lesquelles se trouve une troupe en marche ou une colonne expéditionnaire. Une petite pluie passagère peut être négligée ; mais si l'on veut se rendre compte de l'abondance de grandes averses ou de pluies prolongées, il est toujours facile d'improviser un pluviomètre avec un vase quelconque, dont on détermine, soit avant, soit après, l'ouverture et la capacité. On peut se contenter, par exemple, d'un entonnoir ordinaire placé sur une bouteille. On ne saurait prétendre, à l'aide de ces grossiers appareils, à une grande exactitude, mais on arrive à des approximations suffisantes pour le but qu'on se propose et qui peuvent servir de terme de comparaison avec des expériences faites, en même temps, sur d'autres points. M. Grellois a proposé un pluviomètre extrêmement portatif, simple et commode. Il consiste en un cercle de cuivre, de zinc ou de fer-blanc de 10 centimètres de diamètre sur 2 de hauteur, à l'extérieur duquel est fixé un récipient en tissu flexible et imperméable, muni, à sa partie supérieure, d'un diaphragme de même tissu, percé d'une ouverture par laquelle passe la pluie qui est entrée dans l'aire du cercle. L'eau s'écoule par la portion inférieure du récipient et on la mesure à l'aide d'une petite jauge graduée. Pour le transport, la jauge et le tissu peuvent être renfermés dans le cercle, ainsi que trois tiges articulées et mobiles, qui sont les supports de l'instrument. Le tout est contenu dans une boîte de fer-

Pendant l'hiver il importe de ne pas laisser séjourner l'eau dans le pluviomètre; une gelée survenant inopinément briserait le tube.

L'emplacement convenable à un pluviomètre est souvent difficile à trouver. Il faut qu'il soit suffisamment éloigné des bâtiments pour n'être pas abrité par eux et ne pas ressentir l'influence des remous de vent qui augmentent ou diminuent la quantité de pluie au voisinage des murs d'une certaine élévation. Dans les hôpitaux qui possèdent des jardins hors de la portée des malades, la place du pluviomètre est au milieu d'un de ces jardins. Il ne faut jamais les établir au faîte des toits, comme on le fait souvent; les vents qui frappent les murs du bâtiment s'élèvent et chassent les gouttes de pluie et l'instrument n'en reçoit qu'une quantité bien inférieure à celle réellement tombée.

Une précaution indispensable dans l'installation d'un pluviomètre est de veiller à ce que l'orifice supérieur de l'entonnoir soit parfaitement horizontal. Il faut noter la hauteur à laquelle il est placé; une élévation fort convenable est d'un mètre au-dessus du niveau du sol.

Il ne sera fait envoi de pluviomètres aux hôpitaux que lorsqu'il sera reconnu qu'ils peuvent y être utilement placés.

Vents.—Les vents exercent une grande influence sur les conditions d'existence de l'homme, et l'état de salubrité

---

blanc dont les dimensions dépassent de fort peu celles du cercle-enton-

d'une contrée résulte souvent de la direction habituelle des vents qui y soufflent. On peut dire, d'une manière générale, que les vents du nord sont froids, ceux du midi chauds. En France les premiers, et surtout ceux du nord-est, sont froids et secs ; les derniers, et surtout ceux du sud-ouest, sont chauds et humides ; mais ces qualités ne sont pas absolues et varient suivant les contrées.

Les vents sont d'autant plus humides qu'ils traversent de plus grandes surfaces aqueuses ; les régions basses leur communiquent aussi de l'humidité ; ils se dessèchent lorsqu'ils soufflent à travers de vastes plaines, surtout dépourvues de végétation. Ils servent de véhicule aux miasmes paludéens, lorsqu'ils ont traversé des régions marécageuses.

Les montagnes servent d'abri contre les vents, et ceux-ci n'arrivent à la région où on les observe qu'après avoir subi diverses inflexions, soit latéralement, soit de haut en bas. Ainsi, dans les contrées abritées par de vastes chaînes, la direction ne saurait indiquer le point de départ des vents, et les qualités qu'ils communiquent à l'air pourraient être en opposition avec celles qui résulteraient de leur direction apparente. La notation de ces conditions diverses a donc une importance réelle ; souvent elles suffisent pour rendre compte de phénomènes qu'on serait tenté de prendre pour des anomalies.

Des vents différents peuvent régner dans diverses couches de l'atmosphère ; il est bon d'en tenir compte à cause de l'échange constant qui s'opère entre les vents supérieurs et les vents inférieurs. L'est soufflant en haut et le sud au-dessous, par exemple, se marqueraient ainsi : $\frac{E}{S}$.

Les vents inférieurs s'observent ordinairement à l'aide d'une girouette installée au-dessus d'un édifice élevé. Cet instrument devrait être placé sur tous les hôpitaux soumis au libre accès des vents (1).

La marche des vents supérieurs est marquée par celle des nuages ; les nuages les plus bas ne coïncident pas toujours avec la direction des vents inférieurs.

La direction du vent doit être indiquée par les huit divisions principales de la boussole, *nord* (N.), *nord-est* (N. E.), *est* (E.), *sud-est* (S. E.), *sud* (S.), *sud-ouest* (S. O.), *ouest* (O.), *nord-ouest* (N. O.).

L'*intensité* ou la *vitesse* du vent est plus difficile à apprécier que sa direction, et les appareils imaginés à cet effet sont trop compliqués et trop coûteux pour qu'on puisse songer à les utiliser dans le service hospitalier de l'armée. Il faut se contenter d'approximations qui, heureusement, suffisent aux applications que nous pouvons en faire. Ainsi, on peut donner les indications numériques sui-

---

(1) Au bord de la mer, si la plage est peu élevée, les pavillons des navires à l'ancre donnent, à ce sujet, de bonnes indications. On peut observer aussi la direction que suit la fumée s'échappant des cheminées du voisinage. A la campagne, et surtout en plaine, on peut reconnaître la marche du vent soit par l'inclinaison des arbres et des feuilles, soit par la poussière, soit enfin par les sensations qu'il développe sur la partie du corps qui en ést frappée.

vantes, qui ont l'avantage de se prêter à l'établissement de moyennes :

> *Vent faible,* représenté par 1
> — *modéré.* 2
> — *fort* 3
> — *violent.* 4

Les tempêtes méritent une notation à part, avec la mention de leurs principaux effets.

On comprendra l'utilité d'enregistrer l'intensité du vent par cette considération qu'un vent soufflant avec une force égale à trois causera un effet triple d'un vent de même direction dont l'intensité ne serait qu'égale à 1. Soit, par exemple, une surface marécageuse sur le parcours du vent ; celui-ci apportera des émanations qui seront, dans ces deux cas, comme 3 : 1. Supposons encore un vent humide représenté par 3 et un vent sec soufflant après, avec une force de 2 ; l'humidité apportée par le premier ne sera plus représentée que par 1 après l'action du dernier, en admettant une durée égale pour chacun.

État du ciel.—L'état de nébulosité du ciel s'exprime par les chiffres suivants :

> *Serein.* . . . . 0 à 2
> *Nuageux* . . . . 3 à 5
> *Très-nuageux.* . . . . 6 à 8
> *Couvert* . . . . 9 à 10

C'est-à-dire que, représentant toute la surface visible du ciel par 10 elle est couverte de nuages dans les 2, 4, 6, etc. dixièmes de son étendue.

Mais il ne suffit pas d'indiquer l'étendue qu'occupent

les nuages dans l'atmosphère, il faut encore désigner leur forme. On a établi de nombreuses distinctions entre les nuages, en raison de la variété des formes qu'ils peuvent affecter; mais on peut se borner aux suivantes, basées sur des différences dans la constitution de ces agglomérations de vapeurs.

Le *cirrus* (C.) est un nuage léger, floconneux, occupant les hautes régions de l'atmosphère, composé de fines aiguilles de glace.

Le *cumulus* (C. m.) est un gros nuage gris, peu élevé, d'aspect varié, offrant parfois des formes bizarres ou fantastiques, laissant souvent échapper de la pluie.

Le *nimbus* (N.) est une masse nuageuse, noire, basse, sans contours arrêtés, occupant une grande partie ou la totalité du ciel visible, d'où la pluie s'échappe en abondance.

Le *stratus* (S.) qui peut occuper une hauteur variable dans l'atmosphère et se voit sous l'apparence de bande longue, étroite, aplatie. Sa forme s'explique par la diminution de température des couches atmosphériques supérieures, qui rend les vapeurs visibles au-dessus du plan où l'humidité ne peut plus être dissoute. Bien que ces nuages puissent exister à tous les points du ciel, ce n'est qu'au voisinage de l'horizon qu'ils paraissent avec leur forme caractéristique, qu'on ne saurait reconnaître au zénith.

Mais ces formes n'ont rien d'absolu ; elles passent aisément de l'une à l'autre, et l'on a des cirro-cumulus (C.-C. m.), des cirro-nimbus (C.-N.), des cumulo-stratus (C. m.-S.), des cirro-stratus (C.-S.), etc. Plusieurs formes de nuages peuvent simultanément occuper divers points de l'atmosphère.

Toutes ces appréciations numériques et ces indications sont peu rigoureuses, sans doute, et laissent beaucoup à l'arbitraire ; mais il est difficile de mieux faire et on peut les considérer comme suffisantes pour les besoins de la météorologie appliquée.

Les brouillards (B), qui ne sont autre chose que des nuages accumulés au niveau du sol, s'indiquent à part, dans la colonne des annotations. On exprime, si c'est possible, leur intensité par la distance à laquelle les objets cessent d'être aperçus. Ainsi, B 50 signifierait un brouillard qui cache la vue à une distance de 50 mètres.

Phénomènes divers. — Il faut indiquer avec soin, à la colonne des annotations, les éclairs, les orages, les tremblements de terre, les aurores boréales, la chute des bolides, l'abondance des étoiles filantes, etc., quoique ces phénomènes semblent offrir peu d'intérêt au point de vue médical. Mais il est difficile de se rendre compte des applications qui pourront être faites, un jour, de certaines données scientifiques.

Phénomènes périodiques. — Les époques de l'arrivée et du départ des oiseaux et autres animaux voyageurs, celles des diverses phases de la végétation, germination, feuillaison, floraison, fructification, défeuillaison des plantes, donnent de précieuses indications sur la nature et les qualités du climat. Ce sont des observations pleines d'intérêt, n'exigeant le secours d'aucun instrument, mais qui peuvent être recommandées plutôt que prescrites.

Ozône. — Il règne encore trop d'incertitude sur l'ozône et sur le rôle qu'il joue dans la nature, pour que son observation puisse être rendue obligatoire. Cependant, en laissant aux officiers de santé la liberté de faire, à cet égard, ce qui peut convenir au zèle personnel de chacun, il est utile d'indiquer la direction à suivre dans les observations concernant cet agent.

On s'accorde, aujourd'hui, à considérer l'ozône comme de l'*oxygène électrisé* et jouissant, à ce titre, de propriétés oxydantes bien plus énergiques que l'oxygène simple. L'ozône aurait donc l'importante mission de purifier l'air en brûlant les miasmes répandus dans l'atmosphère. Une forte proportion de ce principe tendrait à diminuer ou à détruire l'agent producteur des affections endémo-épidémiques des pays chauds ; on a cru remarquer, en effet, une corrélation entre son abondance ou sa rareté et la marche des fièvres intermittentes, des dyssenteries et même du choléra. Par opposition, lorsque les poumons respirent un oxygène trop fortement ozônisé, ils en reçoivent une stimulation qui peut devenir morbide, et les constitutions médicales caractérisées par des affections du système circulatoire coïncideraient avec un oxygène fortement ozônisé. Mais ces données, encore vagues, sont loin de reposer sur une expérience concluante.

Pour déceler la présence de l'ozône et sa proportion dans l'atmosphère, on expose à l'air libre, aussi loin que possible de toute substance dont les émanations pourraient exercer, sur ce principe, une influence accidentelle, une bande de papier imprégné d'iodure de potassium et d'amidon.

Voici ce qui se passe dans cette opération : l'ozône, en vertu de ses propriétés oxydantes, s'empare du potassium pour former de la potasse ; l'iode, mis en liberté, se combine avec l'amidon, et il suffit de mouiller le papier pour développer la couleur bleue, caractéristique de l'iodure d'amidon.

Une échelle ou gamme chromatique indique la proportion d'ozône par l'intensité de sa coloration (1).

On a longtemps employé le papier préparé par M. Schœnbein, auquel la science doit la découverte de l'ozône. Celui qui est préparé par M. James (de Sedan) est plus sensible et plus généralement usité aujourd'hui (2).

La bandelette de papier en expérience, qui peut être fixée par une épingle sur l'appareil à thermomètres, est habituellement changée deux fois par jour, matin et soir ; cependant une seule observation par vingt-quatre heures pourrait suffire.

Constitution médicale. — L'étude de la constitution médicale est le complément indispensable des observations re-

---

(1) Voir, à ce sujet, l'instruction et la gamme insérées dans le t. XXI, 2ᵉ sér., du Rec. de Mém. de méd. militaire.

(2) Ce papier se trouve chez Salleron, fabricant d'instruments de précision, rue Pavée-Marais, 24, à Paris.

latives à la constitution atmosphérique, puisque celle-ci n'est, à nos yeux, qu'un moyen d'éclairer la première. Les maladies régnantes ou dominantes, avec leur physionomie propre et leurs formes générales, doivent être soigneusement indiquées et rapportées, autant que possible, aux conditions météorologiques qui ont pu leur donner naissance ou, du moins, favoriser leur invasion. Mais la constitution médicale est toujours le résultat d'une constitution atmosphérique antérieure; tout en inscrivant la constitution médicale à la date à laquelle on l'observe, il faudra donc, le plus souvent, indiquer par un renvoi les conditions météorologiques dont on présume l'influence sur l'origine des maladies régnantes.

USAGE DES TABLES.

Table n°1. — *Psychromètre*. — Cette table est divisée en deux parties : la première, pages 33 et 34, donne les indications de l'instrument lorsque le thermomètre mouillé est au-dessous de zéro ($t' < 0°$) et que la boule est couverte de glace. La seconde, pages 35 à 46, correspond au cas, bien plus fréquent, où la température étant supérieure à zéro ($t' > 0°$) la boule est couverte d'une couche d'eau.

La différence de température des deux thermomètres ($t - t'$), de deux en deux dixièmes de degré, est inscrite horizontalement en tête des colonnes représentant la tension et l'humidité. Les degrés du thermomètre mouillé (t') sont indiqués dans la première colonne verticale de gauche.

Supposons donc $t - t' = 1°,8$ et la température de $t' = 12$. Les chiffres correspondant à l'intersection de cette double colonne verticale et horizontale, sont :

Tension de la vapeur. . . . . $9^{mm},37$
Humidité relative 80

Cet exemple n'exige aucune correction ; mais il n'en est point ainsi lorsque t' renferme une fraction de degré ou que $t - t'$ a une fraction impaire.

Dans le premier cas, il faut consulter la deuxième colonne verticale, et le chiffre inscrit en regard de celui de la température de t' (1re colonne), indique la correction à faire par dixième de degré. Soit, par exemple, $t' = 10°,7$; au chiffre trouvé pour la tension à 10°, il faut ajouter autant de fois $0°,06$ qu'il y a de dixièmes, $0°,06 \times 7 = 0°,42$. Si la température de t' est au-dessous de zéro, cette correction, au lieu d'être *additive*, doit être *soustractive*.

Dans le second cas il faut diminuer de $0^{mm},05$ (t' au-dessous de zéro), ou de $0^{mm},06$ (t' au-dessus de zéro), pour le dixième de degré supérieur à la fraction paire inscrite dans la colonne horizontale des différences.

Type de calcul.

Thermomètre mouillé. . . . . . $t' = 14°,3$
Différence des thermomètres. . $t - t' = 4°,6$

On cherche à la première colonne horizontale $0°,6$, puis, dans la première colonne verticale de gauche, 11° ; le chiffre de tension qui correspond à l'intersection des deux colonnes est $9^{mm},43$, auxquels il faut ajouter 3 fois 7, d'après les indications de la seconde colonne, pour les 3 dixièmes du ther-

TABLEAU pour reduire à 0, les Observations Barométriques,

par M.ʳ COULIER. Pharmacien Major.

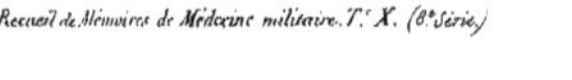

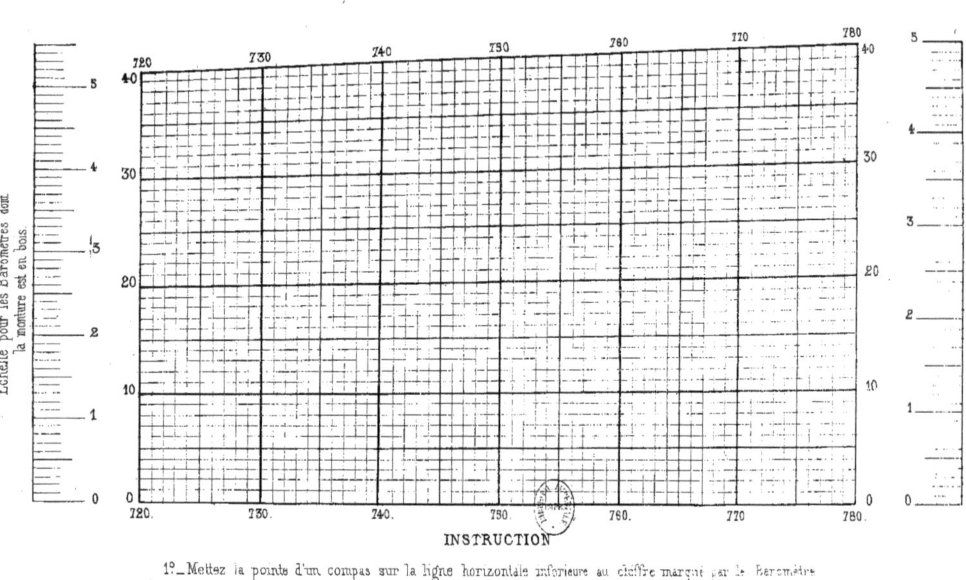

1.⁰_ Mettez la pointe d'un compas sur la ligne horizontale inférieure au chiffre marqué par le Baromètre

2.⁰_ Placez l'autre pointe sur la ligne qui correspond à la température du Baromètre. 3.⁰ Reportez la distance

ainsi obtenue sur l'échelle convenable, et retranchez le nombre indiqué par l'échelle de la hauteur Barométrique

observée, et exprimée en millimètres

momètre mouillé, que nous avons supposé à 11°,3. Le résultat est 9^{mm},64 de tension et 93° d'humidité.

Si la différence entre t et t', au lieu d'être exprimée par des dixièmes en nombre pair, l'était par des dixièmes impairs, soit, par exemple, 0°,7 au lieu de 0°,6, il faudrait opérer comme dans le cas précédent et retrancher du résultat 0^{mm},6; on aurait donc tension $= 9^{mm},50$.

Supposons les mêmes chiffres représentant des températures inférieures à zéro, le calcul s'opérerait de la même manière, à l'aide des tables pages 33 et 34, avec la seule différence que la correction relative aux 3 dixièmes de 11°,3 serait soustractive au lieu d'être additive. Ainsi, t' étant $= -11°,3$, et $t - t' = 1^{mm},6$, on aurait tension

$$\text{pour } 11° = 1^{mm},09,$$
$$\text{pour } 0,3 = 0^{mm},951 \text{ à soustraire.}$$

RÉSULTAT. . . . . 1^{mm},039, ou 1^{mm},04.

TABLE n° 2. — *Baromètre à zéro.* — Soit le baromètre à 756^{mm},62, et le thermomètre du baromètre à 14°,3; on cherche la page qui contient en tête le chiffre le plus rapproché de 756^{mm},62, qui est 755; on pose le doigt sur le nombre 14, dans la première colonne verticale; on suit horizontalement jusqu'à la rencontre de la colonne portant en tête 0°,3, et on trouve le nombre 0^{mm},74, qu'il faut retrancher de 756^{mm},62. Le reste 754^{mm},88 est la hauteur barométrique réduite à zéro.

Si la température est au-dessous de zéro, la correction est en sens inverse; ainsi, la hauteur 756^{mm},62 avec une température de — 4°,3 doit subir la correction positive 0^{mm},52 et devient 757^{mm}14, réduite à zéro.

Cette table ne donne point de températures au-dessous de 4 degrés. Si l'on avait une hauteur à réduire pour une température de 3°,7, par exemple, on prendrait la dixième partie de celle qui correspond à 37 degrés.

Instruction pour se servir du tableau n° 3, destiné à ramener
à 0 les observations barométriques.

(Ce tableau, dû à M. COULIER, pharmacien-major de 1re classe, professeur à l'Ecole impériale d'application du Val-de-Grâce, est d'un usage plus facile que la table précédente, lorsqu'on a à sa disposition un compas ou un double décimètre.)

1° Placer la pointe d'un compas sur la ligne inférieure du tableau, et sur le chiffre qui correspond à la hauteur observée ;

2° Placer l'autre pointe du compas sur la ligne verticale qui s'élève du point déjà déterminé, et de manière qu'elle corresponde à un chiffre latéral qui représente la température à laquelle l'observation est faite ;

3° Reporter le compas sur l'échelle de gauche, et lire le nombre de divisions qu'il intercepte ;

4° Retrancher ce nombre de la hauteur observée (si la température était inférieure à 0, il faudrait au contraire ajouter ce nombre à la hauteur observée).

A défaut de compas, cette petite opération peut être faite à l'aide d'un double décimètre ; en effet, la grandeur qui correspond à un millimètre sur l'échelle de gauche, est exactement de 0^m,02.

Exemple. — Soit la hauteur barométrique 0^m,762 à la température de + 29, à réduire à 0.

On place une des pointes du compas sur la ligne inférieure au point où serait inscrit le chiffre 762 si toutes les lignes étaient numérotées.

L'autre pointe est portée verticalement sur la ligne qui correspond au chiffre 29, inscrit latéralement.

Le compas reporté sur l'échelle de gauche intercepte une longueur égale à 3^{mm},96 (ce dernier chiffre, dans ce nombre, est obtenu à vue). En retranchant ce chiffre de la hauteur observée, on obtient le chiffre 758^{mm},04. Le calcul donne 758,039.

Si la monture du baromètre est entièrement en laiton, il faut se servir de l'échelle de droite. Dans ce cas, la correction est moindre de toute la quantité dont le laiton s'est dilaté. Dans l'exemple donné plus haut, nous avons supposé que la table du baromètre était en bois. Pour éviter toute confusion entre les deux échelles, il est bon de cacher, à l'aide d'une bande de papier, celle qui ne convient pas à l'instrument dont on se sert.

TABLE N° 1.

TABLE PSYCHROMÉTRIQUE.

THERMOMÈTRE MOUILLÉ AU-DESSOUS DE ZÉRO.

DIFFÉRENCES DES DEUX THERMOMÈTRES $(t - t')$.

Degrés du thermom. (Eau gelée) t'	Différence (verticale) moyenne pour chaque 0°,1	0°,0 Tension	0°,0 Humidité rel.	0°,2 Tension	0°,2 Humidité	0°,4 Tension	0°,4 Humidité	0°,6 Tension	0°,6 Humidité	0°,8 Tension	0°,8 Humidité	1°,0 Tension	1°,0 Humidité	Différence (horizontale) moyenne des tensions pour chaque 0°,1
°	mm	mm		mm		mm		mm		mm		mm		mm
−15	0,011	1,39	100	1,28	94	1,18	82	1,08	74	0,97	66	0,87	58	0,05
−14	0,013	1,50	100	1,40	91	1,30	84	1,19	76	1,09	68	0,99	64	
−13	0,013	1,63	100	1,52	92	1,42	85	1,32	77	1,22	70	1,11	63	
−12	0,015	1,76	100	1,66	92	1,56	86	1,45	79	1,35	72	1,25	65	
−11	0,017	1,92	100	1,84	93	1,74	86	1,60	80	1,50	74	1,40	67	
−10	0,018	2,08	100	1,97	94	1,87	87	1,77	81	1,66	75	1,56	69	
−9	0,019	2,26	100	2,16	94	2,05	88	1,95	82	1,85	76	1,74	71	
−8	0,021	2,46	100	2,35	94	2,25	89	2,14	83	2,04	78	1,94	73	
−7	0,023	2,67	100	2,56	94	2,46	89	2,35	84	2,25	79	2,15	74	
−6	0,024	2,89	100	2,79	95	2,68	90	2,58	85	2,47	80	2,37	76	
−5	0,025	3,13	100	3,03	93	2,92	90	2,82	86	2,74	81	2,61	77	
−4	0,028	3,39	100	3,28	95	3,18	91	3,07	87	2,97	82	2,86	78	
−3	0,029	3,66	100	3,56	96	3,45	92	3,35	87	3,24	83	3,14	78	
−2	0,031	3,96	100	3,85	96	3,75	92	3,64	88	3,54	84	3,43	80	
−1	0,033	4,27	100	4,16	96	4,06	92	3,95	89	3,85	85	3,74	81	
0		4,60	100	4,49	97	4,39	93	4,28	89	4,18	86	4,07	82	

Degrés du thermom. (Eau gelée) t'	Différence (verticale) moyenne pour chaque 0°,1	1°,2 Tension	1°,2 Humidité	1°,4 Tension	1°,4 Humidité	1°,6 Tension	1°,6 Humidité	1°,8 Tension	1°,8 Humidité	2°,0 Tension	2°,0 Humidité	2°,2 Tension	2°,2 Humidité	Différence (horizontale) moyenne des tensions pour chaque 0°,1
°		mm		mm		mm		mm		mm		mm		mm
−15	0,013	0,77	50	0,66	43	0,56	36	0,46	29	0,36	22	0,25	15	0,05
−14	0,013	0,88	54	0,78	46	0,68	40	0,57	33	0,47	26	0,37	21	
−13	0,015	1,01	56	0,91	50	0,80	43	0,70	37	0,60	31	0,49	25	
−12	0,017	1,14	59	1,04	53	0,94	47	0,83	41	0,73	35	0,63	30	
−11	0,018	1,29	61	1,19	55	1,09	50	0,98	44	0,88	39	0,78	34	
−10	0,019	1,46	63	1,35	58	1,25	52	1,15	47	1,04	42	0,94	38	
−9	0,021	1,64	66	1,53	61	1,43	56	1,33	51	1,22	46	1,12	41	
−8	0,023	1,83	68	1,73	63	1,62	58	1,52	54	1,42	49	1,31	45	
−7	0,024	2,04	69	1,94	65	1,83	61	1,73	56	1,63	52	1,52	48	
−6	0,025	2,26	71	2,16	67	2,06	63	1,95	59	1,85	55	1,74	51	
−5	0,028	2,50	73	2,40	69	2,30	65	2,19	61	2,09	57	1,98	53	
−4	0,029	2,76	74	2,65	70	2,55	67	2,45	63	2,34	59	2,24	55	
−3	0,031	3,03	75	2,93	72	2,82	68	2,72	65	2,64	61	2,51	58	
−2	0,032	3,33	77	3,22	73	3,12	70	3,04	66	2,94	63	2,80	60	
−1	0,033	3,66	78	3,53	74	3,43	72	3,32	68	3,22	65	3,11	62	
0		3,98	79	3,86	76	3,76	73	3,65	70	3,55	67	3,44	64	

THERMOMÈTRE MOUILLÉ AU-DESSOUS DE ZÉRO.

DIFFÉRENCES DES DEUX THERMOMÈTRES $(t-t')$.

DEGRÉS DU THERMOM. (Eau gelée.) t'	DIFFÉRENCE (verticale) moyenne pour chaque 0°,1	2°,4 TENSION	2°,4 HUMIDITÉ relative	2°,6 TENSION	2°,6 HUMIDITÉ relative	2°,8 TENSION	2°,8 HUMIDITÉ relative	3°,0 TENSION	3°,0 HUMIDITÉ relative	3°,2 TENSION	3°,2 HUMIDITÉ relative	3°,4 TENSION	3°,4 HUMIDITÉ relative	DIFFÉRENCE (horizontale) moyenne des tensions pour chaque 0°,1
°	mm	mm		mm		mm		mm		mm		mm		
—15	0,044	0,15	9	0,05	3									
—14	0,013	0,26	15	0,16	9	0,06	4							
—13	0,013	0,39	20	0,29	14	0,18	9	0,08	4					
—12	0,015	0,52	24	0,42	19	0,32	14	0,24	9	0,14	5			
—11	0,016	0,67	29	0,57	24	0,46	19	0,36	15	0,26	10	0,15	6	
—10	0,018	0,83	33	0,73	28	0,63	24	0,52	20	0,42	16	0,32	12	
—9	0,019	1,02	37	0,94	33	0,84	28	0,70	24	0,60	20	0,50	17	
—8	0,021	1,21	40	1,10	36	1,00	32	0,90	28	0,79	25	0,69	21	mm 0,05
—7	0,022	1,42	44	1,34	40	1,24	36	1,11	32	1,00	29	0,90	26	
—6	0,024	1,64	47	1,54	43	1,43	40	1,33	36	1,22	33	1,12	30	
—5	0,025	1,88	50	1,77	46	1,67	43	1,57	40	1,46	36	1,36	33	
—4	0,027	2,13	52	2,03	49	1,92	46	1,82	43	1,71	40	1,61	37	
—3	0,030	2,40	55	2,30	52	2,19	48	2,09	45	1,98	43	1,88	40	
—2	0,031	2,70	57	2,59	54	2,49	51	2,38	48	2,28	45	2,17	43	
—1	0,033	3,01	60	2,90	56	2,80	53	2,69	51	2,59	48	2,48	46	
—0		3,34	61	3,23	58	3,14	56	3,02	53	2,92	51	2,81	49	

DEGRÉS DU THERMOM. (Eau gelée.) t'	DIFFÉRENCE (verticale) moyenne pour chaque 0°,1	3°,6 TENSION	3°,6 HUMIDITÉ relative	3°,8 TENSION	3°,8 HUMIDITÉ relative	4°,0 TENSION	4°,0 HUMIDITÉ relative	4°,2 TENSION	4°,2 HUMIDITÉ relative	4°,4 TENSION	4°,4 HUMIDITÉ relative	4°,6 TENSION	4°,6 HUMIDITÉ relative	DIFFÉRENCE (horizontale) moyenne des tensions pour chaque 0°,1
		mm		mm		mm		mm		mm		mm		
—15														
—14														
—13														
—12														
—11	0,016	0,05	2											
—10	0,018	0,24	8	0,14	4									
—9	0,019	0,39	13	0,29	9	0,19	6	0,08	3					
—8	0,021	0,58	18	0,48	14	0,38	11	0,27	8	0,17	5	0,06	2	
—7	0,022	0,79	22	0,69	19	0,59	16	0,48	13	0,38	10	0,27	7	
—6	0,024	1,04	26	0,91	23	0,81	20	0,70	17	0,60	15	0,49	12	
—5	0,025	1,25	30	1,15	27	1,04	24	0,94	22	0,83	19	0,73	16	mm 0,05
—4	0,028	1,50	34	1,40	31	1,30	28	1,19	26	1,09	23	0,98	20	
—3	0,029	1,78	37	1,67	34	1,58	32	1,46	29	1,36	26	1,25	24	
—2	0,031	2,07	40	1,96	37	1,86	35	1,75	32	1,65	30	1,54	28	
—1	0,033	2,38	43	2,27	40	2,17	38	2,06	36	1,96	33	1,85	31	
—0		2,71	46	2,60	43	2,50	41	2,39	39	2,29	36	2,15	34	

THERMOMÈTRE MOUILLÉ AU-DESSUS DE ZÉRO.

DEGRÉS du thermomètre mouillé.	DIFFÉRENCE (verticale) moyenne pour chaque 0°,1.	0°,0. TENSION	0°,0. HUMIDITÉ relative.	0°,2. TENSION	0°,2. HUMIDITÉ relative.	0°,4. TENSION	0°,4. HUMIDITÉ relative.	0°,6. TENSION	0°,6. HUMIDITÉ relative.	0°,8. TENSION	0°,8. HUMIDITÉ relative.	1°,0. TENSION	1°,0. HUMIDITÉ relative.	DIFFÉRENCE (horizontale) moyenne des tensions pour chaque 0,1.
°	mm	mm		mm		mm		mm		mm		mm		
0		4,60	100	4,48	96	4,36	92	4,24	88	4,12	85	4,04	84	
	0,03													
1	0,04	4,94	100	4,82	96	4,70	93	4,58	89	4,46	85	4,35	82	
2	0,04	5,30	100	5,18	96	5,06	93	4,94	89	4,83	86	4,74	83	
3	0,04	5,69	100	5,57	97	5,45	93	5,33	90	5,24	87	5,09	83	
4	0,04	6,10	100	5,98	97	5,86	93	5,74	90	5,62	87	5,50	84	
5		6,53	100	6,44	97	6,29	94	6,17	91	6,05	88	5,94	85	
	0,05													
6	0,05	7,00	100	6,88	97	6,76	94	6,64	91	6,52	88	6,40	85	
7	0,05	7,49	100	7,37	97	7,25	94	7,13	91	7,01	89	6,89	86	
8	0,05	8,02	100	7,90	97	7,78	94	7,66	92	7,54	89	7,42	86	
9	0,06	8,57	100	8,45	97	8,33	95	8,21	92	8,09	89	7,97	86	
10		9,17	100	9,04	97	8,92	95	8,80	93	8,68	90	8,56	86	
	0,06													
11	0,07	9,79	100	9,67	97	9,55	95	9,43	93	9,31	90	9,19	87	
12	0,07	10,46	100	10,34	98	10,21	95	10,09	93	9,97	90	9,85	88	
13	0,07	11,16	100	11,04	98	10,92	95	10,80	93	10,68	94	10,56	89	
14	0,08	11,91	100	11,79	98	11,66	95	11,54	93	11,42	94	11,30	89	
15		12,70	100	12,58	98	12,46	96	12,33	93	12,21	91	12,09	89	mm 0,06
	0,08													
16	0,09	13,54	100	13,41	98	13,29	96	13,17	94	13,05	92	12,93	90	
17	0,09	14,42	100	14,30	98	14,18	96	14,05	94	13,93	92	13,84	90	
18	0,10	15,36	100	15,23	98	15,11	96	14,99	94	14,87	92	14,75	90	
19	0,10	16,35	100	16,22	98	16,10	96	15,98	94	15,86	92	15,73	91	
20		17,39	100	17,27	98	17,15	96	17,02	94	16,90	92	16,78	91	
	0,11													
21	0,12	18,50	100	18,37	98	18,25	96	18,13	94	18,00	92	17,88	91	
22	0,12	19,66	100	19,54	98	19,44	96	19,29	95	19,17	93	19,04	91	
23	0,13	20,89	100	20,76	98	20,64	96	20,52	95	20,39	93	20,27	91	
24	0,14	22,18	100	22,06	98	21,94	97	21,84	95	21,69	93	21,57	92	
25		23,53	100	23,13	98	23,30	97	23,48	95	23,05	93	22,93	92	
	0,14													
26	0,15	24,99	100	24,86	98	24,74	97	24,62	95	24,49	93	24,37	92	
27	0,16	26,54	100	26,38	98	26,26	97	26,43	95	26,04	93	25,88	92	
28	0,17	28,10	10.	27,98	98	27,85	97	27,73	95	27,60	93	27,48	92	
29	0,18	29,78	100	29,66	98	29,53	97	29,44	95	29,28	94	29,16	92	
30		31,55	100	31,42	98	31,30	97	31,17	95	30,05	94	30,92	93	
Différences des thermomètres.		0°,0.		0°,2.		0°,4.		0°,6.		0°,8.		1°,0.		Différences des therm.

THERMOMÈTRE MOUILLÉ AU-DESSUS DE ZÉRO.

DIFFÉRENCES DES DEUX THERMOMÈTRES $(t-t')$.

DEGRÉS du thermomètre mouillé.	DIFFÉRENCE (verticale) moyenne pour chaque 0°,1.	1°,2. TENSION.	1°,2. HUMIDITÉ relative.	1°,4. TENSION.	1°,4. HUMIDITÉ relative.	1°,6. TENSION.	1°,6. HUMIDITÉ relative.	1°,8. TENSION.	1°,8. HUMIDITÉ relative.	2°,0. TENSION.	2°,0. HUMIDITÉ relative.	2°,2. TENSION.	2°,2. HUMIDITÉ relative.	DIFFÉRENCE (horizontale) moyenne des tensions pour chaque 0,1.
°	mm	mm		mm		mm		mm		mm		mm		
0	0,03	3,89	78	3,77	74	3,65	74	3,53	67	3,44	64	3,29	61	
1	0,04	4,23	79	4,11	75	3,99	72	3,87	69	3,75	66	3,63	63	
2	0,04	4,59	80	4,47	76	4,35	73	4,23	70	4,11	67	3,99	65	
3	0,04	4,97	80	4,85	77	4,73	74	4,61	71	4,49	69	4,37	66	
4	0,04	5,38	81	5,26	78	5,14	75	5,02	73	4,90	70	4,78	67	
5	0,05	5,82	82	5,70	79	5,58	77	5,46	74	5,34	71	5,22	69	
6	0,05	6,28	83	6,16	80	6,04	77	5,92	75	5,80	72	5,68	70	
7	0,05	6,77	83	6,65	81	6,53	78	6,44	76	6,29	73	6,47	71	
8	0,06	7,29	84	7,47	84	7,05	79	6,93	76	6,81	74	6,69	72	
9	0,06	7,85	84	7,73	82	7,64	80	7,49	77	7,37	75	7,25	73	
10	0,06	8,44	85	8,32	81	8,20	80	8,08	78	7,96	76	7,84	74	
11	0,07	9,07	86	8,95	83	8,82	81	8,70	79	8,58	77	8,46	75	
12	0,07	9,73	86	9,64	84	9,49	82	9,37	80	9,25	78	9,42	76	
13	0,08	10,43	86	10,34	84	10,49	82	10,07	80	9,95	78	9,83	76	
14	0,08	11,48	87	11,06	85	10,94	83	10,81	81	10,69	79	10,57	77	
15	0,08	11,97	87	11,85	85	11,73	83	11,60	81	11,48	80	11,36	78	
16	0,09	12,80	88	12,68	86	12,56	84	12,44	82	12,32	80	12,19	78	
17	0,09	13,69	88	13,57	86	13,44	84	13,32	83	13,20	81	13,08	79	
18	0,10	14,62	88	14,50	87	14,38	85	14,26	83	14,13	81	14,04	80	
19	0,11	15,61	89	15,49	87	15,37	85	15,24	83	15,12	82	15,00	80	
20	0,11	16,65	89	16,53	87	16,44	86	16,29	84	16,16	82	16,04	81	
21	0,12	17,76	89	17,63	88	17,54	86	17,39	84	17,27	83	17,44	81	
22	0,12	18,92	90	18,80	88	18,67	86	18,55	85	18,13	83	18,30	82	
23	0,13	20,45	90	20,02	88	19,90	87	19,78	85	19,65	83	19,33	82	
24	0,14	21,44	90	21,32	88	21,20	87	21,07	85	20,95	84	20,82	82	
25	0,14	22,84	90	22,68	89	22,56	87	22,44	86	22,31	84	22,19	83	
26	0,15	24,24	90	24,12	89	23,99	87	23,87	86	23,75	85	23,62	83	
27	0,16	25,76	91	25,63	89	25,54	88	25,39	86	25,26	85	25,44	83	
28	0,17	27,35	91	27,23	89	27,10	88	26,98	87	26,86	85	26,73	84	
29	0,18	29,03	91	28,94	90	28,78	88	28,66	87	28,53	85	28,44	84	mm 0,06
30		30,80	91	30,67	90	30,55	89	30,42	87	30,30	86	30,47	84	
Différences des thermomètres.		1°,2.		1°,4.		1°,6.		1°,8.		2°,0.		2°,2.		Différences des therm.

THERMOMÈTRE MOUILLÉ AU-DESSUS DE ZÉRO.

DEGRÉS du thermomètre mouillé.	DIFFÉRENCE (verticale) moyenne pour chaque 0°,1.	DIFFÉRENCES DES DEUX THERMOMÈTRES $(t-t')$.											DIFFÉRENCE (horizontale) moyenne des tensions pour chaque 0,1.
		2°,4.		2°,6.		2°,8.		3°,0.		3°,2.		3°,4.		
		TENSION.	HUMIDITÉ relative.	TENSION.	HUMIDITÉ relative.	TENSION.	HUMIDITÉ relative.	TENSION.	HUMIDITÉ relative.	TENSION.	HUMIDITÉ relative.	TENSION.	HUMIDITÉ relative.	
°	mm	mm		mm		mm		mm		mm		mm		
0		3,17	58	3,06	55	2,94	52	2,82	50	2,70	47	2,58	44	
	0,03													
1	0,04	3,54	60	3,39	57	3,27	54	3,16	52	3,01	49	2,92	47	
2	0,04	3,87	62	3,75	59	3,63	56	3,51	54	3,39	51	3,28	49	
3	0,04	4,25	63	4,13	61	4,02	58	3,90	56	3,78	53	3,66	51	
4	0,04	4,60	65	4,54	62	4,42	60	4,30	57	4,18	55	4,06	53	
5	0,04	5,10	66	4,98	64	4,86	61	4,74	59	4,62	57	4,50	55	
	0,05													
6	0,05	5,56	67	5,44	65	5,32	63	5,20	64	5,08	58	4,96	56	
7	0,05	6,05	69	5,93	66	5,84	64	5,69	62	5,57	60	5,45	58	
8	0,06	6,57	70	6,45	68	6,33	65	6,24	63	6,09	64	5,97	59	
9	0,06	7,13	71	7,04	69	6,89	67	6,77	65	6,64	63	6,52	61	
10	0,06	7,72	72	7,59	70	7,47	68	7,35	66	7,23	64	7,11	62	
	0,06													
11	0,07	8,34	73	8,22	71	8,10	69	7,98	67	7,86	65	7,74	63	
12	0,07	9,00	74	8,88	72	8,76	70	8,61	68	8,52	66	8,40	64	
13	0,07	9,74	75	9,58	73	9,46	71	9,34	69	9,22	67	9,10	66	mm 0,06
14	0,08	10,45	75	10,33	73	10,21	72	10,08	70	9,96	68	9,84	67	
15	0,08	11,24	76	11,12	74	10,99	72	10,87	71	10,75	69	10,63	67	
	0,08													
16	0,09	12,07	77	11,95	75	11,83	73	11,71	72	11,58	70	11,46	68	
17	0,09	12,95	77	12,83	76	12,71	74	12,59	72	12,47	71	12,34	69	
18	0,10	13,89	78	13,77	76	13,64	75	13,52	73	13,40	72	13,28	70	
19	0,10	14,87	78	14,75	77	14,63	75	14,51	74	14,38	72	14,26	71	
20	0,10	15,92	79	15,79	77	15,67	76	15,55	74	15,43	73	15,30	72	
	0,11													
21	0,12	17,02	80	16,90	78	16,77	77	16,65	75	16,53	74	16,40	72	
22	0,12	18,48	80	18,06	79	17,93	77	17,84	76	17,69	74	17,56	73	
23	0,12	19,44	81	19,28	79	19,16	78	19,04	76	18,91	75	18,79	73	
24	0,13	20,70	81	20,58	79	20,45	78	20,33	77	20,24	75	20,08	74	
25	0,14	22,06	81	21,94	80	21,82	79	21,99	77	21,57	76	21,45	75	
	0,14													
26	0,15	23,50	82	23,37	80	23,25	79	23,13	78	23,00	77	22,88	75	
27	0,16	25,01	82	24,89	81	24,76	79	24,64	78	24,51	77	24,39	76	
28	0,17	26,61	83	26,48	81	26,36	80	26,23	79	26,11	77	25,98	76	
29	0,17	28,28	83	28,16	81	28,03	80	27,94	79	27,69	77	27,76	76	
30	0,18	30,05	83	29,92	82	29,80	81	29,67	79	29,55	78	29,42	77	
Différences des thermomètres.		2°,4.		2°,6.		2°,8.		3°,0.		3°,2.		3°,4.		Différences des therm.

4.

THERMOMÈTRE MOUILLÉ AU-DESSUS DE ZÉRO.

DIFFÉRENCES DES DEUX THERMOMÈTRES $(t-t')$.

DEGRÉS du thermomètre mouillé.	DIFFÉRENCE (verticale) moyenne pour chaque 0°,1	3°,6 TENSION	3°,6 HUMIDITÉ relative	3°,8 TENSION	3°,8 HUMIDITÉ relative	4°,0 TENSION	4°,0 HUMIDITÉ relative	4°,2 TENSION	4°,2 HUMIDITÉ relative	4°,4 TENSION	4°,4 HUMIDITÉ relative	4°,6 TENSION	4°,6 HUMIDITÉ relative	DIFFÉRENCE (horizontale) moyenne des tensions pour chaque 0°,1
°	mm	mm		mm		mm		mm		mm		mm		
0	0,03	2,46	41	2,34	39	2,22	36	2,11	34	1,99	32	1,87	29	
1	0,04	2,80	44	2,68	42	2,56	39	2,44	37	2,32	35	2,20	32	
2	0,04	3,16	46	3,04	44	2,92	42	2,80	39	2,68	37	2,56	35	
3	0,04	3,54	49	3,42	46	3,30	44	3,18	42	3 06	40	2,94	38	
4	0,04	3,94	51	3,82	48	3,74	46	3,59	44	3,47	42	3,35	40	
5	0,05	4,38	52	4,26	50	4,14	48	4,02	46	3,90	44	3,78	42	
6	0,05	4,84	54	4,72	52	4,60	50	4,48	48	4,36	46	4,24	44	
7	0,05	5,33	56	5,24	54	5,09	52	4,97	50	4,85	48	4,73	46	
8	0,06	5,85	57	5,73	56	5,64	54	5,49	52	5,37	50	5,25	48	
9	0,06	6,40	59	6,28	57	6,46	55	6,04	53	5 92	52	5,80	50	
10	0,06	6,99	60	6,87	58	6,75	57	6,63	55	6,54	53	6,39	52	
11	0,07	7,64	61	7,49	60	7,37	58	7,25	56	7,13	55	7,04	53	
12	0,07	8,28	62	8,45	61	8,03	59	7,94	58	7,79	56	7,67	55	
13	0,07	8,98	64	8,85	63	8,73	61	8,61	59	8,49	57	8,37	56	
14	0,08	9,72	65	9,60	63	9,48	62	9,35	60	9,23	59	9,44	57	
15	0,08	10,51	66	10,38	64	10,26	63	10,44	64	10,02	60	9,90	58	mm 0,06
16	0,09	11,34	67	11,22	65	11,10	64	10,97	62	10,85	61	10,73	59	
17	0,09	12,22	68	12,40	67	11,98	65	11,85	63	11,73	62	11,61	61	
18	0,10	13,15	69	13,03	67	12,91	66	12,79	64	12,66	63	12,54	62	
19	0,11	14,14	69	14,02	68	13,89	66	13,77	65	13,65	64	13,53	62	
20	0,11	15,48	70	15,06	69	14,94	67	14,84	66	14,69	65	14,57	63	
21	0,12	16,28	71	16,46	69	16,04	68	15,91	67	15,79	65	15,67	64	
22	0,12	17,44	71	17,32	70	17,20	69	17,07	67	16,95	66	16,65	65	
23	0,13	18,67	72	18,54	71	18,42	69	18,30	68	18,17	67	18,05	66	
24	0,14	19,96	73	19,84	71	19,74	70	19,59	69	19,46	68	19,34	66	
25	0,14	21,32	73	21,20	72	21,07	74	20,95	70	20,83	68	20,70	67	
26	0,15	22,75	74	22,63	73	22,50	74	22,38	70	22,26	69	22,13	68	
27	0,16	24,27	74	24,14	73	24,02	72	23,89	74	23,77	70	23,64	68	
28	0,17	25,86	75	25,73	74	25,64	72	25,48	74	25,36	70	25,24	69	
29	0,17	27,44	75	27,31	74	27,29	73	27,46	72	27,04	71	26,94	70	
30	0,18	29,30	76	29,17	75	29,05	73	29,92	72	28,80	71	28,67	70	
Différences des thermomètres.		3°,6.		3°,8.		4°,0.		4°,2.		4°,4.		4°,6.		Différences des therm

THERMOMÈTRE MOUILLÉ AU-DESSUS DE ZÉRO.

DIFFÉRENCES DES DEUX THERMOMÈTRES $(t—t')$.

DEGRÉS du thermomètre mouillé	DIFFÉRENCE (verticale) moyenne pour chaque 0°,1.	4°,8. TENSION.	4°,8. HUMIDITÉ relative.	5°,0. TENSION.	5°,0. HUMIDITÉ relative.	5°,2. TENSION.	5°,2. HUMIDITÉ relative.	5°,4. TENSION.	5°,4. HUMIDITÉ relative.	5°,6. TENSION.	5°,6. HUMIDITÉ relative.	5°,8. TENSION.	5°,8. HUMIDITÉ relative.	DIFFÉRENCE (horizontale) moyenne des tensions pour chaque 0°,1.
°	mm	mm		mm		mm		mm		mm		mm		
0		1,75	27	1,63	25	1,54	23	1,39	24	1,27	19	1,15	17	
	0,03													
1	0,04	2,08	30	1,97	28	1,85	26	1,73	24	1,64	22	1,49	20	
2	0,04	2,44	33	2,32	31	2,20	29	2,08	27	1,96	25	1,85	23	
3	0,04	2,82	36	2,70	34	2,58	32	2,46	30	2,34	28	2,22	26	
4	0,04	3,23	38	3,11	36	2,99	34	2,87	33	2.75	31	2,63	29	
5		3,66	40	3,54	39	3,42	37	3,30	35	3,48	33	3,06	32	
	0,05													
6	0,05	4,12	43	4,00	44	3,88	39	3,76	37	3,64	36	3,52	34	
7	0,05	4,64	45	4,49	43	4,37	44	4,25	40	4,13	38	4,04	36	
8	0,06	5,13	47	5,04	45	4,89	43	4,77	42	4,65	40	4,53	39	
9	0,06	5,68	48	5,56	47	5,44	45	5,52	44	5,20	42	5,08	41	
10		6,27	50	6,45	48	6,02	47	5,90	45	5,78	44	5,66	42	
	0,06													
11	0,07	6,89	52	6,77	50	6,65	49	6,53	47	6,40	46	6,28	44	
12	0,07	7,55	53	7,43	52	7,34	50	7,48	49	7,06	47	6,94	46	
13	0,07	8,25	55	8,43	53	8,04	52	7,88	50	7,76	49	7,64	47	mm
14	0,08	8,99	56	8,87	54	8,75	53	8,62	54	8,59	50	8,38	49	0,06
15		9,78	57	9,65	55	9,53	54	9,44	53	9,29	54	9,47	50	
	0,08													
16	0,09	10,64	58	10,49	57	10,36	55	10,24	54	10,12	53	10,00	54	
17	0,09	11,49	59	11,37	58	11,24	56	11,12	55	11,00	54	10,88	53	
18	0,10	12,42	60	12,30	59	12,17	58	12,05	56	11,93	55	11,84	54	
19	0,11	13,40	61	13,28	60	13,16	59	13,04	57	12,91	56	12,79	55	
20		14,44	62	14,32	61	14,20	60	14,08	58	13,95	57	13,83	56	
	0,11													
21	0,12	15,54	63	15,42	62	15,30	60	15,47	59	15,05	58	14,93	57	
22	0,12	16,70	64	16,58	63	16,46	61	16,33	60	16,21	59	16,09	58	
23	0,13	17,93	65	17,80	63	17,68	62	17,56	61	17,43	60	17,31	59	
24	0,14	19,22	65	19,09	64	18,97	63	18,85	62	18,72	61	18,60	60	
25		20,58	66	20,46	65	20,33	64	20,24	63	20,08	62	19,96	60	
	0,14													
26	0,15	22,01	67	21,88	65	21,76	64	21,63	63	21,54	62	21,39	61	
27	0,16	23,52	67	23,40	66	23,27	65	23,45	64	23,02	63	22,90	62	
28	0,17	25,11	68	24,99	67	24,86	66	24,74	65	24,61	64	24,49	63	
29	0,18	26,76	68	26,66	67	26,54	66	26,44	65	26,29	64	26,16	63	
30		28,55	69	28,42	68									
Différences des thermomètres.		4°,8.		5°,0.		5°,2.		5°,4.		5°,6.		5°,8.		Différences des therm.

THERMOMÈTRE MOUILLÉ AU-DESSUS DE ZÉRO.

DIFFÉRENCES DES DEUX THERMOMÈTRES $(t - t')$.

DEGRÉS du thermomètre mouillé	DIFFÉRENCE (verticale) moyenne pour chaque 0°,1	6°,0 TENSION	6°,0 HUMIDITÉ relative	6°,2 TENSION	6°,2 HUMIDITÉ relative	6°,4 TENSION	6°,4 HUMIDITÉ relative	6°,6 TENSION	6°,6 HUMIDITÉ relative	6°,8 TENSION	6°,8 HUMIDITÉ relative	7°,0 TENSION	7°,0 HUMIDITÉ relative	DIFFÉRENCE (horizontale) moyenne des tensions pour chaque 0°,1
°	mm	mm		mm		mm		mm		mm		mm		mm
0		1,04	15	0,92	13	0,80	14	0,68	9	0,56	8	0,44	6	
	0,03													
1		1,37	18	1,25	16	1,13	15	1,01	13	0,89	11	0,78	10	
	0,04													
2		1,73	22	1,61	20	1,49	18	1,37	16	1,25	15	1,13	13	
	0,04													
3		2,11	25	1,99	23	1,87	21	1,75	19	1,63	18	1,51	16	
	0,04													
4		2,54	28	2,39	26	2,27	24	2,15	23	2,03	21	1,91	19	
	0,04													
5		2,94	30	2,82	28	2,70	27	2,58	25	2,46	24	2,34	22	
	0,05													
6		3,40	33	3,28	31	3,16	29	3,04	28	2,92	26	2,80	25	
	0,05													
7		3,89	35	3,77	33	3,65	32	3,53	30	3,44	29	3,29	28	
	0,06													
8		4,41	37	4,28	35	4,16	34	4,04	33	3,92	31	3,80	30	
	0,06													
9		4,96	39	4,84	38	4,71	36	4,59	35	4,47	33	4,35	32	
	0,06													
10		5,54	41	5,42	40	5,30	38	5,18	37	5,06	35	4,94	34	
	0,06													
11		6,46	43	6,04	44	5,92	40	5,80	39	5,68	37	5,56	36	
	0,07													
12		6,82	44	6,70	43	6,58	42	6,46	44	6,34	39	6,25	38	
	0,07													
13		7,52	46	7,40	45	7,28	43	7,16	42	7,03	41	6,94	40	
	0,07													
14		8,26	47	8,14	46	8,02	45	7,90	41	7,47	43	7,65	41	mm 0,06
	0,08													
15		9,05	49	8,92	48	8,80	46	8,68	45	8,56	44	8,44	43	
	0,08													
16		9,88	50	9,75	49	9,63	48	9,51	47	9,39	45	9,27	44	
	0,09													
17		10,76	52	10,63	50	10,51	49	10,39	48	10,27	47	10,14	46	
	0,09													
18		11,69	53	11,56	51	11,44	50	11,32	49	11,20	48	11,07	47	
	0,10													
19		12,67	54	12,55	53	12,42	51	12,30	50	12,18	49	12,05	48	
	0,10													
20		13,74	55	13,58	54	13,46	53	13,34	52	13,22	50	13,09	49	
	0,11													
21		14,84	56	14,68	55	14,56	54	14,44	53	14,34	52	14,19	51	
	0,11													
22		15,90	57	15,84	56	15,72	55	15,59	54	15,47	53	15,35	52	
	0,12													
23		17,19	58	17,06	57	16,94	56	16,82	55	16,69	54	16,57	53	
	0,12													
24		18,48	59	18,35	58	18,23	56	18,11	55	17,98	54	17,86	54	
	0,13													
25		19,84	59	19,71	58	19,59	57	19,46	56	19,34	55	19,22	54	
	0,14													
26		21,26	60	21,14	59	21,01	58	20,89	57	20,77	56	20,64	55	
	0,14													
27		22,77	61	22,65	60	22,52	59	22,4	58	22,28	57	22,15	56	
	0,15													
28		24,36	62	24,24	61	24,14	60	23,99	59	23,86	58	23,74	57	
	0,16													
29		26,04	62											
	0,17													
30														
Différences des thermomètres.		6°,0.		6°,2.		6°,4.		6°,6.		6°,8.		7°,0.		Différences des therm.

THERMOMÈTRE MOUILLÉ AU-DESSUS DE ZÉRO.

DIFFÉRENCES DES DEUX THERMOMÈTRES $(t-t')$.

DEGRÉS du thermomètre mouillé.	DIFFÉRENCE (verticale) moyenne pour chaque 0°,1.	7°,2. TENSION.	7°,2. HUMIDITÉ relative.	7°,4. TENSION.	7°,4. HUMIDITÉ relative.	7°,6. TENSION.	7°,6. HUMIDITÉ relative.	7°,8. TENSION.	7°,8. HUMIDITÉ relative.	8°,0. TENSION.	8°,0. HUMIDITÉ relative.	8°,2. TENSION.	8°,2. HUMIDITÉ relative.	DIFFÉRENCE (horizontale) moyenne des tensions pour chaque 0°,1.
°	mm	mm		mm		mm		mm		mm		mm		
0		0,32	4	0,20	3	0,09	1							
1	0,03	0,66	8	0,54	7	0,42	5	0,30	4	0,18	2	0,06	1	
2	0,04	1,04	12	0,89	10	0,77	9	0,65	7	0,53	6	0,44	4	
3	0,04	1,39	15	1,27	13	1,15	12	1,03	11	0,91	9	0,79	8	
4	0,04	1,79	18	1,67	16	1,55	15	1,43	14	1,31	13	1,19	11	
5	0,04	2,22	21	2,10	19	1,98	18	1,86	17	1,74	16	1,62	14	
6	0,05	2,78	24	2,66	23	2,44	21	2,32	20	2,20	18	2,08	17	
7	0,05	3,16	26	3,04	25	2,92	24	2,80	22	2,68	21	2,56	20	
8	0,05	3,68	29	3,56	27	3,44	26	3,32	25	3,20	24	3,08	22	
9	0,06	4,23	31	4,11	30	3,99	28	3,87	28	3,75	26	3,63	25	
10	0,06	4,82	33	4,70	32	4,57	30	4,45	29	4,33	28	4,21	27	
11	0,06	5,44	35	5,32	34	5,19	32	5.07	34	4,95	30	4,83	29	
12	0,07	6,09	37	5,97	36	5,85	34	5,73	33	5,64	32	5,49	31	
13	0,07	6,79	39	6,67	37	6,55	36	6,43	35	6,34	34	6,18	33	mm
14	0,07	7,53	40	7,44	39	7,29	38	7,17	37	7,04	36	6,92	35	0,06
15	0,08	8,31	42	8.19	41	8,07	40	7,95	39	7,83	37	7,71	36	
16	0,08	9,14	43	9,02	42	8,90	44	8,78	40	8,66	39	8,53	38	
17	0,09	10,02	45	9,90	44	9.78	43	9,66	42	9,53	40	9,41	39	
18	0,09	10,95	46	10,83	45	10,71	44	10,58	43	10,46	42	10,34	41	
19	0,10	11,93	47	11,81	46	11,69	45	11,56	44	11,44	43	11,32	42	
20	0,10	12,97	48	12,85	47	12,72	46	12,60	45	12,48	44	12,36	43	
21	0,11	14,07	50	13,94	49	13,82	48	13,70	47	13,58	46	13,45	45	
22	0,12	15,22	51	15,10	50	14,98	49	14,85	48	14,73	47	14,64	46	
23	0,12	16,45	52	16,32	51	16,20	50	16,08	49	15,95	48	15,83	47	
24	0,13	17,73	52	17,64	52	17,49	51	17,36	50	17,24	49	17,12	48	
25	0,14	19,09	53	18,97	52	18,85	52	18,72	51	18,60	50	18,47	49	
26	0,14	20,52	54	20,39	53	20,27	52	20,14	54	20,02	54	19,90	50	
27	0,15	22,03	55	21,90	54	21,78	53	21,65	52	21,53	54			
28														
29														
30														
Différences des thermomètres.		7°,2.		7°,4.		7°,6.		7°,8.		8°,0.		8°,2.		Différences des therm.

THERMOMÈTRE MOUILLÉ AU-DESSUS DE ZÉRO.

DIFFÉRENCES DES DEUX THERMOMÈTRES $(t - t')$.

DEGRÉS du thermomètre mouillé.	DIFFÉRENCE (verticale) moyenne pour chaque 0°,1.	8°,4 TENSION	8°,4 HUMIDITÉ relative	8°,6 TENSION	8°,6 HUMIDITÉ relative	8°,8 TENSION	8°,8 HUMIDITÉ relative	9°,0 TENSION	9°,0 HUMIDITÉ relative	9°,2 TENSION	9°,2 HUMIDITÉ relative	9°,4 TENSION	9°,4 HUMIDITÉ relative	DIFFÉRENCE (horizontale) moyenne des tensions pour chaque 0°,1.
°	mm	mm		mm		mm		mm		mm		mm		
0														
1		0,30	3	0,48	2	0.06	1							
2	0,04	0,67	7	0,55	5	0,43	4	0,34	3	0 19	2	0,08	1	
3	0,04	1,07	10	0,95	9	0,83	8	0,72	6	0,60	5	0,48	4	
4	0,04	1,50	13	1,38	12	1,26	11	1,14	10	1,02	8	0,90	7	
5	0,05													
6	0,05	1,96	16	1,84	15	1,72	14	1,60	13	1,48	12	1.36	10	
7	0,05	2,44	19	2,32	17	2,20	16	2,08	15	1,96	14	1,84	13	
8	0,06	2,96	21	2,84	20	2,72	19	2,60	18	2,48	17	2,36	16	
9	0,06	3,54	24	3,39	23	3,27	21	3,15	20	3,03	19	2,91	18	
10	0,06	4,09	26	3,97	25	3,85	24	3,73	23	3,61	22	3,49	21	
11	0,07	4,74	28	4,59	27	4,47	26	4,35	25	4,23	24	4,11	23	
12	0,07	5,87	30	5,25	29	5,12	28	5,00	27	4,88	26	4,76	25	
13	0,07	6,06	32	5,94	31	5,82	30	5,70	29	5,58	28	5,46	27	
14	0,07	6,80	34	6,68	33	6,56	32	6,44	31	6,31	30	6,19	29	mm 0,06
15	0,08	7,58	35	7,46	34	7,34	33	7,22	33	7,10	32	6,97	31	
16	0,09	8,44	37	8,29	36	8,17	35	8,05	34	7,92	33	7,80	32	
17	0,09	9,29	39	9,17	38	9,04	37	8,92	36	8,80	35	9,60	35	
18	0,10	10,22	40	10,09	39	9,97	38	9,85	37	9,73	36	9,60	35	
19	0,11	11,20	41	11,07	40	10,95	39	10,83	39	10,71	38	10,58	37	
20	0,11	12,23	43	12,11	42	11,99	41	11,87	40	11,74	39	11,62	38	
21	0,12	13,33	44	13,24	43	13,08	42	12,96	41	12,81	40	12,71	40	
22	0,12	14,48	45	14,36	44	14,24	43	14,12	42	13,99	41	13,87	41	
23	0,12	15,74	46	15,58	45	15,46	44	15,34	43	15,24	42	15,09	42	
24	0,13	16,99	47	16,87	46	16,75	45	16,62	44	16,50	44	16,37	43	
25	0,14	18,35	48	18,22	47	18,14	46	17,98	45	17,86	45	17,73	44	
26	0,14	19,77	49	19,65	48	19,52	47	19,40	46					
27														
28														
29														
30														
Différences des thermomètres.		8°,4.		8°,6.		8°,8.		9°,0.		9°,2.		9°,4.		Différences des therm.

THERMOMÈTRE MOUILLÉ AU-DESSUS DE ZÉRO.

		DIFFÉRENCES DES DEUX THERMOMÈTRES $(t-t')$.											
DEGRÉS du thermomètre mouillé.	DIFFÉRENCE (verticale) moyenne pour chaque 0°,1.	9°,6.		9°,8.		10°,0.		10°,2.		10°,4.		10°,6.		DIFFÉRENCE (horizontale) moyenne des tensions pour chaque 0°,1.
		TENSION.	HUMIDITÉ relative.	TENSION.	HUMIDITÉ relative.	TENSION.	HUMIDITÉ relative.	TENSION.	HUMIDITÉ relative.	TENSION.	HUMIDITÉ relative.	TENSION.	HUMIDITÉ relative.	
°	mm	mm		mm		mm		mm		mm		mm		
0														
1														
2														
3														
4	0,04	0,36	3	0,24	2	0,12	1							
5		0,78	6	0,66	5	0,54	4	0,42	3	0,30	2	0,18	1	
	0,05													
6	0,05	1,24	9	1,12	8	1,00	7	0,88	6	0,76	5	0,64	5	
7	0,05	1,72	12	1,60	11	1,48	10	1.36	9	1,24	8	1,12	7	
8	0,06	2,24	15	2,12	14	2,00	13	1,88	12	1,76	11	1,64	10	
9	0,06	2,79	17	2,66	16	2,54	16	2,42	15	2,30	14	2,48	13	
10		3,37	20	3,25	19	3,13	18	3,00	17	2,88	16	2,76	15	
	0,06													
11	0,07	3,98	22	3,86	21	3,74	20	3,62	19	3,50	18	3,38	18	
12	0,07	4,64	24	4,52	23	4,40	22	4,28	22	4,15	21	4,03	20	
13	0,07	5,33	26	5,24	25	5,09	25	4,97	24	4 85	23	4,73	22	
14	0,08	6,07	28	5,95	27	5,83	26	5,74	25	5,58	25	5,46	24	
15		6,85	30	6.73	29	6,64	28	6,49	27	6,37	26	6,24	26	
	0,08													mm 0,06
16	0,09	7,68	34	7,56	34	7,44	30	7,34	29	7,49	28	7,07	27	
17	0,09	8,56	33	8,43	32	8 34	34	8,49	31	8,07	30	7,94	29	
18	0,10	9,48	35	9,36	34	9,24	33	9,14	32	8,99	31	8,87	30	
19	0,11	10,46	36	10,34	35	10,22	34	10,00	33	9,97	33	9,85	32	
20		11,50	37	11,37	36	11,25	36	11,13	35	11,01	34	10,88	33	
	0,11													
21	0,12	12,59	39	12,47	38	12,35	37	12,22	36	12,10	35	11,98	35	
22	0,12	13,75	40	13,62	39	13,50	38	13,38	37	13,25	37	13,43	36	
23	0,13	14,96	41	14,84	40	14,72	39	14,59	39	14,47	38	14,35	37	
24	0,14	16,25	42	16,13	41	16,00	40	15,88	39	15,76	38	15,63	37	
25		17,64	43	17,48	42	17,36	42							
26														
27														
28														
29														
30														
Différences des thermomètres.		9°,6.		9°,8.		10°,0.		10°,2.		10°,4.		10°,6.		Différences des therm.

THERMOMÈTRE MOUILLÉ AU-DESSUS DE ZÉRO.

DEGRÉS du thermomètre mouillé.	DIFFÉRENCE (verticale) moyenne pour chaque 0°,1.	10°,8. TENSION.	10°,8. HUMIDITÉ relative.	11°,0. TENSION.	11°,0. HUMIDITÉ relative.	11°,2. TENSION.	11°,2. HUMIDITÉ relative.	11°,4. TENSION.	11°,4. HUMIDITÉ relative.	11°,6. TENSION.	11°,6. HUMIDITÉ relative.	11°,8. TENSION.	11°,8. HUMIDITÉ relative.	DIFFÉRENCE (horizontale) moyenne des tensions pour chaque 0°,1.
DIFFÉRENCES DES DEUX THERMOMÈTRES $(t-t')$.														
°	mm	mm		mm		mm		mm		mm		mm		
0														
1														
2														
3														
4														
5														
6		0,52	4	[illegible]	3	0,28	2	0,46	1					
	0,05													
7		1,00	7	0,88	6	0,76	5	0,64	4	0,52	3	0,40	2	
	0,05													
8		1,52	9	1,10	9	1,27	8	1,15	7	1,03	6	0,91	5	
	0,06													
9		2,06	12	1,94	11	1,82	10	1,70	10	1,58	9	1,46	8	
	0,06													
10		2,64	14	2,52	14	2,40	13	2,28	12	2,16	11	2,04	11	
	0,06													
11		3,26	17	3,44	16	3,02	15	2,90	14	2,77	14	2,65	13	
	0,07													
12		3,91	19	3,79	18	3,67	17	3,55	17	3,43	16	3,31	15	
	0,07													
13		4,61	21	4,49	20	4,36	19	4,24	19	4,12	18	4,00	17	
	0,07													
14		5,34	23	5,22	22	5,10	21	4,98	21	4,86	20	4,73	19	mm
	0,08													0,06
15		6,12	25	6,00	24	5,88	23	5,76	22	5,63	22	5,51	21	
	0,08													
16		6.95	27	6,83	26	6,70	25	6,58	24	6,46	23	6,34	22	
	0,09													
17		7,82	28	7,70	27	7,58	27	7,46	26	7,33	25	7,21	24	
	0,09													
18		8,75	29	8,63	29	8,50	28	8,38	27	8,26	27	8,14	26	
	0,10													
19		9,73	31	9,60	30	9,48	30	9,36	29	9,24	28	9,11	28	
	0,10													
20		10,76	33	10,64	32	10,51	31	10,39	30	10,27	30	10,15	29	
	0,11													
21		11,85	34	11,73	33	11,61	32	11,48	32	11,36	31	11,24	30	
	0,12													
22		13,01	35	12,88	34	12,76	34	12,64	33	12,51	32	12,39	32	
	0,12													
23		14,22	36	14,10	36	13,98	35	13,85	34	13,73	34	13,61	33	
	0,13													
24		15,51	37	15,39	36									
25														
26														
27														
28														
29														
30														
Différences des thermomètres.		10°,8.		11°,0.		11°,2.		11°,4.		11°,6.		11°,8.		Différences des therm.

THERMOMÈTRE MOUILLÉ AU-DESSUS DE ZÉRO.

DIFFÉRENCES DES DEUX THERMOMÈTRES $(t—t')$.

DEGRÉS du thermomètre mouillé.	DIFFÉRENCE (verticale) moyenne pour chaque 0°,1.	12°,0		12°,2		12°,4		12°,6		12°,8		13°,0		DIFFÉRENCE (horizontale) moyenne des tensions pour chaque 0°,1.
°	mm	TENSION. mm	HUMIDITÉ relative.	TENSION. mm	HUMIDITÉ relative.	TENSION. mm	HUMIDITÉ relative.	TENSION. mm	HUMIDITÉ relative.	TENSION. mm	HUMIDITÉ relative.	TENSION. mm	HUMIDITÉ relative.	
0														
1														
2														
3														
4														
5														
6														
7	0,05	0,28	2	0,46	1									
8	0,06	0,79	5	0,67	4	0,55	3	0,43	2	0,34	2	0,19	1	
9	0,06	1,34	7	1,22	7	1,10	6	0,98	5	0,86	4	0,74	4	
10	0,06	1,92	10	1,80	9	1,68	8	1,55	8	1,43	7	1,31	6	
11	0,07	2,53	12	2,44	11	2,29	11	2,17	10	2,05	9	1,93	9	
12	0,07	3,19	14	3,06	14	2,94	13	2,82	12	2,70	12	2,58	11	
13	0,07	3,88	16	3,76	16	3,64	15	3,54	14	3,39	14	3,27	13	mm 0,06
14	0,08	4,61	18	4,49	18	4,37	17	4,25	16	4,13	16	4,00	15	
15	0,08	5,39	20	5,27	20	5,15	19	5,03	18	4,90	18	4,78	17	
16	0,09	6,22	22	6,09	21	5,97	21	5,85	20	5,73	19	5,64	19	
17	0,09	7,09	24	6,97	23	6,84	22	6,72	22	6,60	21	6,48	21	
18	0,10	8,04	25	7,89	25	7,77	24	7,65	23	7,52	23	7,40	22	
19	0,10	8,99	27	8,87	26	8,74	26	8,62	25	8,50	25	8,38	24	
20	0,11	10,02	28	9,90	28	9,78	27	9,65	26	9,53	26	9,44	25	
21	0,12	11,42	30	10,99	29	10,48	28	10,75	28	10,62	27	10,50	27	
22	0,12	12,27	31	12,14	30	12,02	30	11,90	29	11,77	28	11,65	28	
23		13,48	32											
24														
25														
26														
27														
28														
29														
30														
Différences des thermomètres.		12°,0.		12°,2.		12°,4.		12°,6.		12°,8.		13°,0.		Différences des therm.

THERMOMÈTRE MOUILLÉ AU-DESSUS DE ZÉRO.

DIFFÉRENCES DES DEUX THERMOMÈTRES $(t - t')$.

DEGRÉS du thermomètre mouillé.	DIFFÉRENCE (verticale) moyenne pour chaque 0°,1.	13°,2.		13°,4.		13°,6.		13°,8.		14°,0.				DIFFÉRENCE (horizontale) moyenne des tensions pour chaque 0°,1.
		TENSION.	HUMIDITÉ relative.	TENSION.	HUMIDITÉ relative.	TENSION.	HUMIDITÉ relative.	TENSION.	HUMIDITÉ relative.	TENSION.	HUMIDITÉ relative.	TENSION.	HUMIDITÉ relative.	
°	mm	mm		mm		mm		mm		mm		mm		
0														
1														
2														
3														
4														
5														
6														
7														
8														
9	0,06	0,61	3	0,49	2	0,37	2	0,25	1	0,43	1			
10	0,06	1,19	6	1,07	5	0,95	4	0,83	4	0,71	3			
11	0,07	1,84	8	1,69	7	1,56	7	1,44	6	1,32	6			
12	0,07	2,46	10	2,34	10	2,22	9	2,09	8	1,97	8			
13	0,07	3,15	12	3,03	12	2,94	11	2,79	11	2.66	10			
14	0,08	3,88	14	3,76	14	3,64	13	3,52	13	3,40	12			0,06
15	0,08	4,66	16	4,54	16	4,42	15	4,29	15	4,17	14			
16	0,09	5,48	18	5,36	18	5,24	17	5,12	16	5,00	16			
17	0,09	6,36	20	6,23	19	6,44	19	5,99	18	5,87	17			
18	0,10	7,28	22	7,46	21	7,03	20	6,91	20	6,79	19			
19	0,10	8,25	23	8,43	22	8,04	22	7,89	21	7,76	21			
20	0,11	9,29	25	9,46	24	9,04	23	8,92	23	8,80	22			
21		10,38	26	10,25	25	10,13	25	10,04	24	9,89	24			
22														
23														
24														
25														
26														
27														
28														
29														
30														
Différences des thermomètres.		13°,2.		13°,4.		13°,6.		13°,8.		14°,0.				Différences des therm.

TABLE N° 2.

RÉDUCTION DU BAROMÈTRE A ZÉRO.

DEGRÉS CENTIGRADES.	725 MILLIMÈTRES.									
	0°,0.	0°,1.	0°,2.	0°,3.	0°,4.	0°,5.	0°,6.	0°,7.	0°,8.	0°,9.
°	mm	mm	mm	mm	mm	mm	mm	mm	mm	mm
4	0,47	0,48	0,49	0,50	0,51	0,52	0,54	0,55	0,56	0,57
5	0,58	0,60	0,61	0,62	0,63	0,64	0,65	0,67	0,68	0,69
6	0,70	0,71	0,72	0,74	0,75	0,76	0,77	0,78	0,79	0,81
7	0,82	0,83	0,84	0,85	0,86	0,88	0,89	0,90	0,91	0,92
8	0,93	0,95	0,96	0,97	0,98	0,99	1,00	1,02	1,03	1,04
9	1,05	1,06	1,07	1,09	1,10	1,11	1,12	1,13	1,14	1,16
10	1,17	1,18	1,19	1,20	1,21	1,23	1,24	1,25	1,26	1,27
11	1,28	1,30	1,21	1,32	1,33	1,34	1,35	1,37	1,38	1,39
12	1,40	1,41	1,42	1,44	1,45	1,46	1,47	1,48	1,49	1,51
13	1,52	1,53	1,54	1,55	1,56	1,58	1,59	1,60	1,61	1,62
14	1,63	1,65	1,66	1,67	1,68	1,69	1,70	1,72	1,73	1,74
15	1,75	1,76	1,77	1,79	1,80	1,81	1,82	1,83	1,84	1,86
16	1,87	1,88	1,89	1,90	1,91	1,93	1,94	1,95	1,96	1,97
17	1,98	2,00	2,01	2,02	2,03	2,04	2,05	2,07	2,08	2,09
18	2,10	2,11	2,12	2,14	2,15	2,16	2,17	2,18	2,19	2,21
19	2,22	2,23	2,24	2,25	2,26	2,28	2,29	2,30	2,31	2,32
20	2,33	2,35	2,36	2,37	2,38	2,39	2,40	2,42	2,43	2,44
21	2,45	2,46	2,47	2,49	2,50	2,51	2,52	2,53	2,54	2,56
22	2,57	2,58	2,59	2,60	2,61	2,63	2,64	2,65	2,66	2,67
23	2,68	2,70	2,71	2,72	2,73	2,74	2,75	2,77	2,78	2,79
24	2,80	2,81	2,82	2,84	2,85	2,86	2,87	2,88	2,89	2,91
25	2,92	2,93	2,94	2 95	2,96	2,98	2,99	3,00	3,01	3,02
26	3,03	3,05	3,06	3,07	3,08	3,09	3,10	3,12	3,13	3,14
27	3,15	3,16	3,17	3,19	3,20	3,21	3.22	3,23	3,25	3,26
28	3,27	3,28	3,29	3,30	3,31	3,33	3,34	3,35	3,36	3,37
29	3,39	3,40	3,41	3,42	3,43	3,44	3,46	3,47	3,48	3,49
30	3,50	3,51	3,52	3,54	3,55	3,56	3 57	3,58	3,60	3,61
31	3,62	3,63	3,64	3,65	3,67	3,68	3,69	3,70	3,71	3,72
32	3,74	3,75	3,76	3,77	3,78	3,79	3,81	3,82	3,83	3,84
33	3,85	3,86	3,87	3,89	3,90	3,91	3,92	3,93	3,95	3,96
34	3,97	3,98	3,99	4,00	4,02	4,03	4,04	4,05	4,06	4,07
35	4,09	4,10	4,11	4,12	4,13	4,14	4,16	4,17	4,18	4,19
36	4,20	4,21	4,23	4,24	4,25	4,26	4,27	4,28	4,30	4,31
37	4,32	4,33	4,34	4,35	4,37	4,38	4,39	4,40	4,41	4,42
38	4,44	4,45	4,46	4,47	4,48	4,49	4,51	4,52	4,53	4,54
39	4,55	4,56	4,58	4,59	4,60	4,61	4,62	4,63	4,65	4,66
40	4,67	4,68	4,69	4,70	4,71	4,73	4,74	4,75	4,76	4,77

RÉDUCTION DU BAROMÈTRE A ZÉRO.

DEGRÉS CENTIGRADES.	730 MILLIMÈTRES.								
	0°,0	0°,1.	0°,2.	0°,3.	0°,4.	0°,5.	0°,6.	0°,7.	0°,8.	0°,9.
	mm	mm	mm	mm	mm	mm	mm	mm	mm	mm
4	0,47	0,48	0,49	0,51	0,52	0,53	0,54	0,55	0,56	0,58
5	0,59	0,60	0,61	0,62	0,63	0,65	0,66	0,67	0,68	0,69
6	0,71	0,72	0,73	0,74	0,75	0,76	0,78	0,79	0,80	0,81
7	0,82	0,83	0,85	0,86	0,87	0,88	0,89	0,90	0,92	0,93
8	0,94	0,95	0,96	0,98	0,99	1,00	1,01	1,02	1,03	1,05
9	1,06	1,07	1,08	1,09	1,10	1,12	1,13	1,14	1,15	1,16
10	1,18	1,19	1,20	1,21	1,22	1,23	1,25	1,26	1,27	1,28
11	1,29	1,30	1,22	1,33	1,34	1,35	1,36	1,37	1,39	1,40
12	1,41	1,42	1,43	1,45	1,46	1,47	1,48	1,49	1,50	1,52
13	1,53	1,54	1,55	1,56	1,57	1,59	1,60	1,61	1,62	1,63
14	1,65	1,66	1,67	1,68	1,69	1,70	1,72	1,73	1,74	1,75
15	1,76	1,77	1,79	1,80	1,81	1,82	1,83	1,84	1,86	1,87
16	1,88	1,89	1,90	1,92	1,93	1,94	1,95	1,96	1,97	1,99
17	2,00	2,01	2,02	2,03	2,05	2,06	2,07	2,08	2,09	2,10
18	2,12	2,13	2,14	2,15	2,16	2,17	2,19	2,20	2,21	2,22
19	2,23	2,24	2,26	2,27	2,28	2,29	2,30	2,32	2,33	2,34
20	2,35	2,36	2,37	2,39	2,40	2,41	2,42	2,43	2,44	2,46
21	2,47	2,48	2,49	2,50	2,52	2,53	2,54	2,55	2,56	2,57
22	2,59	2,60	2,61	2,62	2,63	2,64	2,66	2,67	2,68	2,69
23	2,70	2,71	2,73	2,74	2,75	2,76	2,77	2,79	2,80	2,81
24	2,82	2,83	2,84	2,86	2,87	2,88	2,89	2,90	2,91	2,93
25	2,94	2,95	2,96	2,97	2,99	3,00	3,01	3,02	3,03	3,04
26	3,06	3,07	3,08	3,09	3,10	3,11	3,13	3,14	3,15	3,16
27	3,17	3,18	3,20	3,21	3,22	3,23	3,24	3,26	3,27	3,28
28	3,29	3,30	3,31	3,33	3,34	3,35	3,36	3,37	3,38	3,40
29	3,41	3,42	3,43	3,44	3,46	3,47	3,48	3,49	3,50	3,51
30	3,53	3,54	3,55	3,56	3,57	3,58	3,60	3,61	3,62	3,63
31	3,64	3,65	3,67	3,68	3,69	3,70	3,71	3,73	3,74	3,75
32	3,76	3,77	3,78	3,80	3,81	3,82	3,83	3,84	3,85	3,87
33	3,88	3,89	3,90	3,91	3,93	3,94	3,95	3,96	3,97	3,98
34	4,00	4,01	4,02	4,03	4,04	4,05	4,07	4,08	4,09	4,10
35	4,11	4,13	4,14	4,15	4,16	4,17	4,18	4,20	4,21	4,22
36	4,23	4,24	4,25	4,27	4,28	4,29	4,30	4,31	4,33	4,34
37	4,35	4,36	4,37	4,38	4,40	4,41	4,42	4,43	4,44	4,45
38	4,47	4,48	4,49	4,50	4,51	4,52	4,54	4,55	4,56	4,57
39	4,58	4,60	4,61	4,62	4,63	4,64	4,65	4,67	4,68	4,69
40	4,70	4,71	4,72	4,74	4,75	4,76	4,77	4,78	4,80	4,81

RÉDUCTION DU BAROMÈTRE A ZÉRO.

DEGRÉS CENTIGRADES.	735 MILLIMÈTRES									
	0°,0.	0°,1.	0°,2.	0°,3.	0°,4.	0°,5.	0°,6.	0°,7.	0°,8.	0°,9.
	mm	mm	mm	mm	mm	mm	mm	mm	mm	mm
4	0,47	0,48	0,49	0,51	0,52	0,53	0,54	0,56	0,57	0,58
5	0,59	0,60	0,62	0,63	0,64	0,65	0,66	0,67	0,69	0,70
6	0,71	0,72	0,73	0,75	0,76	0,77	0,78	0,79	0,80	0,82
7	0,83	0,84	0,85	0,86	0,88	0,89	0,90	0,91	0,92	0,93
8	0,95	0,96	0,97	0,98	0,99	1,01	1,02	1,03	1,04	1,05
9	1,07	1,08	1,09	1,10	1,11	1,12	1,14	1,15	1,16	1,17
10	1,18	1,19	1,21	1,22	1,23	1,24	1,25	1,27	1,28	1,29
11	1,30	1,31	1,33	1,34	1,35	1,36	1,37	1,38	1,40	1,41
12	1,42	1,43	1,44	1,46	1,47	1,48	1,49	1,50	1,51	1,53
13	1,54	1,55	1,56	1,57	1,59	1,60	1,61	1,62	1,63	1,64
14	1,66	1,67	1,68	1,69	1,70	1,72	1,73	1,74	1,75	1,76
15	1,78	1,79	1,80	1,81	1,82	1,83	1,85	1,86	1,87	1,88
16	1,89	1,90	1,92	1,93	1,94	1,95	1,96	1,98	1,99	2,00
17	2,01	2,02	2,04	2,05	2,06	2,07	2,08	2,09	2,11	2,12
18	2,13	2,14	2,15	2,17	2,18	2,19	2,20	2,21	2,22	2,24
19	2,25	2,26	2,27	2,28	2,30	2,31	2,32	2,33	2,34	2,35
20	2,37	2,38	2,39	2,40	2,41	2,43	2,44	2,45	2,46	2,47
21	2,49	2,50	2,51	2,52	2,53	2,54	2,56	2,57	2,58	2,59
22	2,60	2,61	2,63	2,64	2,65	2,66	2,67	2,69	2,70	2,71
23	2,72	2,73	2,75	2,76	2,77	2,78	2,79	2,80	2,82	2,83
24	2,84	2,85	2,86	2,88	2,89	2,90	2,91	2,92	2,93	2,95
25	2,96	2,97	2,98	2,99	3,01	3,02	3,03	3,04	3,05	3,06
26	3,08	3,09	3,10	3,11	3,12	3,14	3,15	3,16	3,17	3,18
27	3,20	3,21	3,22	3,23	3,24	3,25	3,27	3,28	3,29	3,30
28	3,31	3,32	3,34	3,35	3,36	3,37	3,38	3,40	3,41	3,42
29	3,43	3,44	3,46	3,47	3,48	3,49	3,50	3,51	3,53	3,54
30	3,55	3,56	3,57	3,59	3,60	3,61	3,62	3,63	3,64	3,66
31	3,67	3,68	3,69	3,70	3,72	3,73	3,74	3,75	3,76	3,77
32	3,79	3,80	3,81	3,82	3,83	3,85	3,86	3,87	3,88	3,89
33	3,91	3,92	3,93	3,94	3,95	3,96	3,98	3,99	4,00	4,01
34	4,02	4,03	4,05	4,06	4,07	4,08	4,09	4,11	4,12	4,13
35	4,14	4,15	4,17	4,18	4,19	4,20	4,21	4,22	4,24	4,25
36	4,26	4,27	4,28	4,30	4,31	4,32	4,33	4,34	4,35	4,37
37	4,38	4,39	4,40	4,41	4,43	4,44	4,45	4,46	4,47	4,48
38	4,50	4,51	4,52	4,53	4,54	4,56	4,57	4,58	4,59	4,60
39	4,62	4,63	4,64	4,65	4,66	4,67	4,69	4,70	4,71	4,72
40	4,73	4,74	4,76	4,77	4,78	4,79	4,80	4,82	4,83	4,84

RÉDUCTION DU BAROMÈTRE A ZÉRO.

DEGRÉS CENTIGRADES.	740 MILLIMÈTRES.									
	0°,0.	0°,1.	0° 2.	0°,3.	0°,4.	0°,5.	0°,6.	0°,7.	0°,8.	0°,9.
°	mm	mm	mm	mm	mm	mm	mm	mm	mm	mm
4	0,48	0,49	0,50	0,51	0,52	0,54	0,55	0,56	0,57	0,58
5	0,60	0,61	0,62	0,63	0,64	0,66	0,67	0,68	0,69	0,70
6	0,71	0,73	0,74	0,75	0,76	0,77	0,79	0,80	0,81	0,82
7	0,83	0,85	0,86	0,87	0,88	0,89	0,91	0,92	0,93	0,94
8	0,95	0,96	0,98	0,99	1,00	1,01	1,02	1,04	1,05	1,06
9	1,07	1,08	1,10	1,11	1,12	1,13	1,14	1,16	1,17	1,18
10	1,19	1,20	1,21	1,23	1,24	1,25	1,26	1,27	1,29	1,30
11	1,31	1,32	1,33	1,35	1,36	1,37	1,38	1,39	1,41	1,42
12	1,43	1,44	1,45	1,47	1,48	1,49	1,50	1,51	1,53	1,54
13	1,55	1,56	1,57	1,58	1,60	1,61	1,62	1,63	1,64	1,66
14	1,67	1,68	1,69	1,70	1,72	1,73	1,74	1,75	1,76	1,77
15	1,79	1,80	1,81	1,82	1,83	1,85	1,86	1,87	1,88	1,89
16	1,91	1,92	1,93	1,94	1,95	1,97	1,98	1,99	2,00	2,01
17	2,03	2,04	2,05	2,06	2,07	2,08	2,10	2,11	2,12	2,13
18	2,14	2,16	2,17	2,18	2,19	2,20	2,22	2,23	2,24	2,25
19	2,26	2,28	2,29	2,30	2,31	2,32	2,34	2,35	2,36	2,37
20	2,38	2,39	2,41	2,42	2,43	2,44	2,45	2,47	2,48	2,49
21	2,50	2,51	2,53	2,54	2,55	2,56	2,57	2,59	2,60	2,61
22	2,62	2,63	2,64	2,66	2.67	2,68	2,69	2,70	2,72	2,73
23	2,74	2,75	2,76	2,78	2,79	2,80	2,81	2,82	2,84	2,85
24	2,86	2,87	2,88	2,89	2,91	2,92	2,93	2,94	2,95	2,97
25	2,98	2,99	3,00	3,01	3 03	3,04	3,05	3,06	3,07	3,08
26	3,10	3,11	3,12	3,13	3,15	3,16	3,17	3,18	3,19	3,20
27	3,22	3,23	3,24	3,25	3,26	3,28	3,29	3,30	3,31	3,32
28	3,34	3,35	3,36	3,37	3,38	3,40	3,41	3,42	3,43	3,44
29	3,46	3,47	3,48	3,49	3,50	3,51	3,53	3,54	3,55	3,56
30	3,57	3,59	3,60	3,61	3,62	3,63	3,65	3,66	3,67	3,68
31	3,69	3,70	3,72	3,73	3,74	3,75	3,76	3.78	3,79	3,80
32	3,81	3,82	3,84	3,85	3,86	3,87	3,88	3,90	3,91	3,92
33	3,93	3,94	3,96	3,97	3,98	3,99	4,00	4,02	4,03	4,04
34	4,05	4,06	4,07	4,09	4,10	4,11	4,12	4,13	4,15	4,16
35	4,17	4,18	4,19	4,21	4,22	4,23	4,24	4,25	4,26	4,28
36	4,29	4,30	4,31	4,32	4,34	4,35	4,36	4,37	4,38	4,40
37	4,41	4,42	4,43	4,44	4,46	4,47	4,48	4,49	4,50	4,52
38	4,53	4,54	4,55	4,56	4,57	4,59	4,60	4,61	4,62	4,63
39	4,65	4,66	4,67	4,68	4,69	4,71	4,72	4,73	4,74	4,75
40	4,77	4,78	4,79	4,80	4,81	4,83	4,84	4,85	4,86	4,87

RÉDUCTION DU BAROMÈTRE A ZÉRO.

DEGRÉS CENTIGRADES.	745 MILLIMÈTRES.									
	0°,0.	0°,1.	0°,2.	0°,3.	0°,4.	0°,5.	0°,6.	0°,7.	0°,8.	0°,9.
°	mm	mm	mm	mm	mm	mm	mm	mm	mm	mm
4	0,48	0,49	0,50	0,52	0,53	0,54	0,55	0,56	0,58	0,59
5	0,60	0,61	0,62	0,64	0,65	0,66	0,67	0,68	0,70	0,71
6	0,72	0,73	0,74	0,76	0,77	0,78	0,79	0,80	0,82	0,83
7	0,84	0,85	0,86	0,88	0,89	0,90	0,91	0,92	0,94	0,95
8	0,96	0,97	0,98	1,00	1,01	1,02	1,03	1,04	1,06	1,07
9	1,08	1,09	1,10	1,12	1,13	1,14	1,15	1,16	1,18	1,19
10	1,20	1,21	1,22	1,24	1,25	1,26	1,27	1,28	1,30	1,31
11	1,32	1,33	1,24	1,36	1,37	1,38	1,39	1,40	1,42	1,43
12	1,44	1,45	1,46	1,48	1,49	1,50	1,51	1,52	1,54	1,55
13	1,56	1,57	1,58	1,60	1,61	1,62	1,63	1,64	1,66	1,67
14	1,68	1,69	1,70	1,72	1,73	1,74	1,75	1,76	1,78	1,79
15	1,80	1,81	1,82	1,84	1,85	1,86	1,87	1,88	1,90	1,91
16	1,92	1,93	1,94	1,96	1,97	1,98	1,99	2,00	2,02	2,03
17	2,04	2,05	2,06	2,08	2,09	2,10	2,11	2,12	2,14	2,15
18	2,16	2,17	2,18	2,20	2,21	2,22	2,23	2,24	2,26	2,27
19	2,28	2,29	2,30	2,31	2,33	2,34	2,35	2,36	2,37	2,39
20	2,40	2,41	2,42	2,43	2,45	2,46	2,47	2,48	2,49	2,51
21	2,52	2,53	2,54	2 55	2,57	2,58	2,59	2,60	2,61	2,63
22	2,64	2,65	2,66	2,67	2,69	2,70	2,71	2,72	2,73	2,75
23	2,76	2,77	2,78	2,79	2,81	2,82	2,83	2,84	2,85	2,87
24	2,88	2,89	2,90	2,91	2,93	2,94	2,95	2,96	2,97	2,99
25	3,00	3,01	3,02	3,03	3,05	3,06	3,07	3,08	3,09	3,11
26	3,12	3,13	3,14	3,15	3,17	3,18	3,19	3,20	3,21	3,23
27	3,24	3,25	3,26	3,27	3,29	3,30	3,31	3,32	3,33	3,35
28	3,36	3,37	3,38	3,39	3,41	3,42	3,43	3,44	3,45	3,47
29	3,48	3,49	3,50	3,51	3,53	3,54	3,55	3,56	3,57	3,59
30	3,60	3,61	3,62	3,63	3,65	3,66	3,67	3,68	3,69	3,71
31	3,72	3,73	3,74	3,75	3,77	3,78	3,79	3,80	3,81	3,83
32	3,84	3,85	3,86	3,87	3,89	3 90	3,91	3,92	3,93	3,95
33	3,96	3,97	3,98	3,99	4,01	4,02	4,03	4,04	4,05	4,07
34	4,08	4,09	4,10	4,11	4,13	4,14	4,15	4,16	4,17	4,19
35	4,20	4,21	4,22	4,23	4,25	4,26	4,27	4,28	4,29	4,31
36	4,32	4,33	4,34	4,35	4,37	4,38	4,39	4,40	4,41	4,43
37	4,44	4,45	4,46	4,47	4,49	4,50	4,51	4,52	4,53	4,55
38	4,56	4,57	4,58	4,59	4,61	4,62	4,63	4,64	4,65	4,67
39	4,68	4,69	4,70	4,71	4,73	4,74	4,75	4,76	4,77	4,79
40	4,80	4,81	4,82	4,83	4,85	4,86	4,87	4,88	4,89	4,91

RÉDUCTION DU BAROMÈTRE A ZÉRO.

DEGRÉS CENTIGRADES.	750 MILLIMÈTRES.									
	0°,0.	0°,1.	0°,2.	0°,3.	0°,4.	0°,5.	0°,6.	0°,7.	0°,8.	0°,9.
°	mm	mm	mm	mm	mm	mm	mm	mm	mm	mm
4	0,48	0 50	0,51	0,52	0,53	0,54	0,56	0,57	0,58	0,59
5	0,60	0,62	0,63	0,64	0,65	0,66	0,68	0,69	0,70	0,71
6	0,72	0,74	0,75	0,76	0,77	0,79	0,80	0,81	0,82	0,83
7	0,85	0,86	0,87	0,88	0,89	0,91	0,92	0,93	0,94	0,95
8	0,97	0,98	0,99	1,00	1,01	1,03	1,04	1,05	1,06	1,07
9	1,09	1,10	1,11	1,12	1,13	1,15	1,16	1,17	1,18	1,20
10	1,21	1,22	1,23	1,24	1,26	1,27	1,28	1,29	1,30	1,32
11	1,33	1,34	1,35	1,36	1,38	1,39	1,40	1,41	1,42	1,44
12	1,45	1,46	1,47	1,49	1,50	1,51	1,52	1,53	1,55	1,56
13	1,57	1,58	1,59	1,61	1,62	1,63	1,64	1,65	1,67	1,68
14	1,69	1,70	1,71	1,73	1,74	1,75	1,76	1,78	1,79	1,80
15	1,81	1,82	1,84	1,85	1,86	1,87	1,88	1,90	1,91	1,92
16	1,93	1,94	1,96	1,97	1,98	1,99	2,00	2,02	2,03	2,04
17	2,05	2,06	2,08	2,09	2,10	2,11	2,13	2,14	2,15	2,16
18	2,17	2,19	2,20	2,21	2,22	2,23	2,25	2,26	2,27	2,28
19	2,29	2,31	2,32	2,33	2,34	2,35	2,37	2,38	2,39	2,40
20	2,41	2,43	2,44	2,45	2,46	2,48	2,49	2,50	2,51	2,52
21	2,54	2,55	2,56	2,57	2,58	2,60	2,61	2,62	2,63	2,64
22	2,66	2,67	2,68	2,69	2 70	2,72	2,73	2,74	2,75	2,76
23	2,78	2,79	2,80	2,81	2,83	2,84	2,85	2,86	2,87	2,88
24	2,90	2,91	2,92	2,93	2,95	2,96	2,97	2,98	2.99	3,01
25	3,02	3,03	3,04	3,05	3 07	3,08	3,09	3,10	3,12	3,13
26	3,14	3,15	3,16	3,18	3,19	3,20	3,21	3,22	3,24	3,25
27	3,26	3,27	3,28	3,30	3,31	3,32	3,33	3,34	3,36	3,37
28	3,38	3,39	3,41	3,42	3,43	3,44	3,45	3,47	3,48	3,49
29	3,50	3,51	3,53	3,54	3,55	3,56	3,57	3,59	3,60	3,61
30	3,62	3,63	3,65	3,66	3 67	3,68	3,70	3,71	3,72	3,73
31	3,74	3,76	3,77	3,78	3,79	3,80	3,82	3 83	3,84	3,85
32	3,86	3,88	3,89	3,90	3,91	3,92	3,94	3,95	3,96	3,97
33	3,98	4,00	4,01	4,02	4,03	4,04	4,06	4,07	4,08	4,09
34	4,11	4,12	4,13	4,14	4,15	4,16	4,18	4,19	4,20	4,21
35	4,23	4,24	4,25	4,26	4,27	4,29	4,30	4,31	4,32	4,33
36	4,35	4,36	4,37	4,38	4,40	4,41	4,42	4,43	4,44	4,46
37	4,47	4,48	4,49	4,50	4,52	4,53	4,54	4,55	4,56	4,58
38	4,59	4,60	4,61	4,62	4,64	4,65	4,66	4,67	4,69	4,70
39	4,71	4,72	4,73	4,75	4,76	4,77	4,78	4,79	4,81	4,82
40	4,83	4,84	4,85	4,87	4,88	4,89	4,90	4,92	4,93	4,94

RÉDUCTION DU BAROMÈTRE A ZÉRO.

DEGRÉS CENTIGRADES.	0°,0.	0°,1.	0°,2.	0°,3.	0°,4.	0°,5.	0°,6.	0°,7.	0°,8.	0°,9.
755 MILLIMÈTRES.										
°	mm	mm	mm	mm	mm	mm	mm	mm	mm	mm
4	0,49	0,50	0,51	0,52	0,53	0,55	0,56	0,57	0,58	0,60
5	0,61	0,62	0,63	0,64	0,66	0,67	0,68	0,69	0,70	0,72
6	0,73	0,74	0,75	0,77	0,78	0,79	0,80	0,81	0,83	0,84
7	0,85	0,86	0,87	0,89	0,90	0,91	0,92	0,94	0,95	0,96
8	0,97	0,98	1,00	1,01	1,02	1,03	1,05	1,06	1,07	1,08
9	1,09	1,11	1,12	1,13	1,14	1,15	1,17	1,18	1,19	1,20
10	1,22	1,23	1,24	1,25	1,26	1,28	1,29	1 30	1,31	1,33
11	1,34	1,35	1,36	1,37	1,39	1,40	1,41	1,42	1,43	1,45
12	1,46	1,47	1,48	1,50	1,51	1,52	1,53	1,54	1,56	1,57
13	1,58	1,59	1,60	1,62	1,63	1,64	1,65	1,67	1,68	1,69
14	1,70	1,71	1,73	1,74	1,75	1,76	1,77	1,79	1,80	1,81
15	1,82	1,84	1,85	1,86	1,87	1,88	1,90	1,91	1,92	1,93
16	1,94	1,96	1,97	1,98	1,99	2,01	2,02	2,03	2,04	2,05
17	2,07	2,08	2,09	2,10	2,11	2,13	2,14	2,15	2,16	2,18
18	2,19	2,20	2,21	2,22	2,24	2,25	2,26	2,27	2,28	2,30
19	2,31	2,32	2,33	2,35	2,36	2,37	2,38	2,39	2,41	2,42
20	2,43	2,44	2,46	2,47	2,48	2,49	2,50	2,52	2,53	2,54
21	2,55	2,56	2,58	2,59	2,60	2,61	2,63	2,64	2,65	2,66
22	2,67	2,69	2,70	2,71	2,72	2,73	2,75	2,76	2,77	2,78
23	2,80	2,81	2,82	2,83	2,84	2,86	2,87	2,88	2,89	2,91
24	2,92	2,93	2,94	2,95	2,97	2,98	2,99	3,00	3,01	3,03
25	3,04	3,05	3,06	3 08	3,09	3,10	3,11	3,12	3,14	3,15
26	3,16	3,17	3,18	3,20	3,21	3,22	3,23	3,25	3,26	3,27
27	3,28	3,29	3,31	3,32	3,33	3,34	3,35	3,37	3,38	3,39
28	3,40	3,42	3,43	3,44	3,45	3,46	3,48	3,49	3,50	3,51
29	3,53	3,54	3,55	3,56	3,57	3,59	3,60	3,61	3,62	3,64
30	3,65	3,66	3,67	3,68	3,70	3,71	3,72	3,73	3,74	3,76
31	3,77	3,78	3,79	3,80	3,82	3,83	3,84	3,85	3,86	3,88
32	3,89	3,90	3,91	3,92	3,94	3 95	3,96	3,97	3,99	4,00
33	4,01	4,02	4,04	4,05	4,06	4,07	4,08	4,10	4,11	4,12
34	4,13	4,14	4,16	4,17	4,18	4,19	4,21	4,22	4,23	4,24
35	4,25	4,27	4,28	4,29	4,30	4,31	4,33	4,34	4,35	4,36
36	4,38	4,39	4,40	4,41	4,42	4 44	4,45	4,46	4,47	4,49
37	4,50	4,51	4,52	4,53	4,55	4,56	4,57	4,58	4,59	4,61
38	4,62	4,63	4,64	4,66	4,67	4,68	4,69	4,70	4,72	4,73
39	4,74	4,75	4,76	4,78	4,79	4,80	4,81	4,83	4,84	4,85
40	4,86	4,87	4,89	4,90	4,91	4,92	4,94	4,95	4,96	4,97

RÉDUCTION DU BAROMÈTRE A ZÉRO.

DEGRÉS CENTIGRADES.	0°,0.	0°,1.	0°,2.	0°,3.	0°,4.	0°,5.	0°,6.	0°,7.	0°,8.	0°,9.
°	mm	mm	mm	mm	mm	mm	mm	mm	mm	mm
4	0,49	0,50	0,51	0,53	0,54	0,55	0,56	0,57	0,59	0,60
5	0,61	0,62	0,64	0,65	0,66	0,67	0,69	0,70	0,71	0,72
6	0,73	0,75	0,76	0,77	0,78	0,80	0,81	0,82	0,83	0,84
7	0,86	0,87	0,88	0,89	0,91	0,92	0,93	0,94	0,96	0,97
8	0,98	0,99	1,00	1,02	1,03	1,04	1,05	1,06	1,08	1,09
9	1,10	1,11	1,13	1,14	1,15	1,16	1,17	1,19	1,20	1,21
10	1,22	1,24	1,25	1,26	1,27	1,28	1,30	1,31	1,32	1,33
11	1,35	1,36	1,37	1,38	1,39	1,41	1,42	1,43	1,44	1,46
12	1,47	1,48	1,49	1,50	1,52	1,53	1,54	1,55	1,57	1,58
13	1,59	1,60	1,62	1,63	1,64	1,65	1,66	1,68	1,69	1,70
14	1,71	1,73	1,74	1,75	1,76	1,77	1,79	1,80	1,81	1,82
15	1,84	1,85	1,86	1,87	1,88	1,90	1,91	1,92	1,93	1,95
16	1,96	1,97	1,98	1,99	2,01	2,02	2,03	2,04	2,06	2,07
17	2,08	2,09	2,10	2,12	2,13	2,14	2,15	2,17	2,18	2,19
18	2,20	2,21	2,23	2,24	2,25	2,26	2,27	2,29	2,30	2,31
19	2,32	2,34	2,35	2,36	2,37	2,39	2,40	2,41	2,42	2,43
20	2,45	2,46	2,47	2,48	2,50	2,51	2,52	2,53	2,55	2,56
21	2,57	2,58	2,59	2,61	2,62	2,63	2,64	2,66	2,67	2,68
22	2,69	2,70	2,72	2,73	2 74	2,75	2,77	2,78	2,79	2,80
23	2,81	2,83	2,84	2,85	2,86	2,88	2,89	2,90	2,91	2,92
24	2,94	2,95	2,96	2,97	2,99	3,00	3,01	3,02	3.03	3,05
25	3.06	3,07	3,08	3,10	3 11	3,12	3,13	3,14	3,16	3,17
26	3,18	3,19	3,21	3,22	3,23	3,24	3,25	3,27	3,28	3,29
27	3,30	3,32	3,33	3,34	3,35	3,36	3,38	3,39	3,40	3,41
28	3,43	3,44	3,45	3,46	3 48	3,49	3,50	3,51	3,52	3,54
29	3,55	3,56	3,57	3,59	3,60	3,61	3,62	3,63	3,65	3,66
30	3,67	3,68	3,70	3,71	3,72	3,73	3,74	3,76	3,77	3,78
31	3,79	3,81	3,82	3,83	3,84	3,85	3,87	3 88	3,89	3,90
32	3,92	3,93	3,94	3,95	3,96	3,98	3,99	4,00	4,01	4,02
33	4,04	4,05	4,06	4,07	4,09	4,10	4,11	4,12	4,14	4,15
34	4,16	4,17	4,18	4,20	4,21	4,22	4,23	4,25	4,26	4,27
35	4,28	4,29	4,31	4,32	4,33	4,34	4,36	4,37	4,38	4,39
36	4,40	4,42	4,43	4,44	4,45	4,47	4,48	4,49	4,50	4,52
37	4,53	4,54	4,55	4,56	4,58	4,59	4,60	4,61	4,63	4,64
38	4,65	4,66	4,67	4,69	4,70	4,71	4,72	4,74	4,75	4,76
39	4,77	4,78	4,80	4,81	4,82	4,83	4,85	4,86	4,87	4,88
40	4,89	4,91	4,92	4,93	4,94	4,96	4,97	4,98	4,99	5,01

RÉDUCTION DU BAROMÈTRE A ZÉRO.

DEGRÉS CENTIGRADES.	765 MILLIMÈTRES.									
	0°,0.	0°,1.	0°,2.	0°,3.	0°,4.	0°,5.	0°,6.	0°,7.	0°,8.	0°,9.
°	mm	mm	mm	mm	mm	mm	mm	mm	mm	mm
4	0,49	0,50	0,52	0,53	0,54	0,55	0,57	0,58	0,59	0,60
5	0,62	0,63	0,64	0,65	0,67	0,68	0,69	0,70	0,71	0,73
6	0,74	0,75	0,76	0,78	0,79	0,80	0,81	0,82	0,84	0,85
7	0,86	0,87	0,89	0,90	0,91	0,92	0,94	0,95	0,96	0,97
8	0,99	1,00	1,01	1,02	1,03	1,05	1,06	1,07	1,08	1,10
9	1,11	1,12	1,13	1,15	1,16	1,17	1,18	1,19	1,21	1,22
10	1,23	1,24	1,26	1,27	1,28	1,29	1,31	1 32	1,33	1,34
11	1,35	1,37	1,38	1,39	1,40	1,42	1,43	1,44	1,45	1,47
12	1,48	1,49	1,50	1,51	1,53	1,54	1,55	1,56	1,58	1,59
13	1,60	1,61	1,63	1,64	1,65	1,66	1,68	1,69	1,70	1,71
14	1,72	1,74	1,75	1,76	1,77	1,79	1,80	1,81	1,82	1,84
15	1,85	1,86	1,87	1,88	1,90	1,91	1,92	1,93	1,95	1,96
16	1,97	1,98	2,00	2,01	2,02	2,03	2,04	2,06	2,07	2,08
17	2,09	2,11	2,12	2,13	2,14	2,16	2,17	2,18	2,19	2,20
18	2,22	2,23	2,24	2,25	2,27	2,28	2,29	2,30	2,32	2,33
19	2,34	2,35	2,36	2,38	2,39	2,40	2,41	2,43	2,44	2,45
20	2,46	2,48	2,49	2,50	2,51	2,52	2,54	2,55	2,56	2,57
21	2,59	2,60	2,61	2 62	2,64	2,65	2,66	2,67	2,68	2,70
22	2,71	2,72	2,73	2,75	2,76	2,77	2,78	2,80	2,81	2,82
23	2,83	2,84	2,86	2,87	2,88	2,89	2,91	2,92	2,93	2,94
24	2,96	2,97	2,98	2,99	3,00	3,02	3,03	3,04	3,05	3,07
25	3,08	3,09	3,10	3 12	3,13	3,14	3,15	3,17	3,18	3,19
26	3,20	3,21	3,23	3,24	3,25	3,26	3,28	3,29	3,30	3,31
27	3,33	3,34	3,35	3,36	3,37	3,39	3,40	3,41	3,42	3,44
28	3,45	3,46	3,47	3,49	3,50	3,51	3,52	3,53	3,55	3,56
29	3,57	3,58	3,60	3,61	3,62	3,63	3,65	3,66	3,67	3,68
30	3,69	3,71	3,72	3,73	3,74	3,76	3 77	3,78	3,79	3.81
31	3,82	3,83	3,84	3,86	3,87	3,88	3,89	3,90	3,92	3,93
32	3,94	3,95	3,97	3,98	3,99	4 00	4,02	4,03	4,04	4,05
33	4,06	4,08	4,09	4,10	4,11	4,13	4,14	4,15	4,16	4,18
34	4,19	4,20	4,21	4,22	4,24	4,25	4,26	4,27	4,28	4,30
35	4,31	4,32	4,33	4,35	4,36	4,37	4,38	4,40	4,41	4,42
36	4,43	4,45	4,46	4,47	4,48	4,50	4,51	4,52	4,53	4,55
37	4,56	4,57	4,58	4,59	4,61	4,62	4,63	4,64	4,66	4,67
38	4,68	4,69	4,70	4,72	4,73	4,74	4,75	4,77	4,78	4,79
39	4,80	4,82	4,83	4,84	4,85	4,86	4,88	4,89	4,90	4,91
40	4,93	4,94	4,95	4,96	4,98	4,99	5,00	5,01	5,03	5,04

RÉDUCTION DU BAROMÈTRE A ZÉRO.

DEGRÉS CENTIGRADES.	770 MILLIMÈTRES.									
	0°,0.	0°,1.	0°,2.	0°,3.	0°,4.	0°,5.	0°,6.	0°,7.	0°,8.	0°,9.
°	mm	mm	mm	mm	mm	mm	mm	mm	mm	mm
4	0,50	0,51	0,52	0,53	0,55	0,56	0,57	0,58	0,59	0,61
5	0,62	0,63	0,64	0,66	0,67	0,68	0,69	0,74	0,72	0,73
6	0,74	0,76	0,77	0,78	0,79	0,81	0,82	0,83	0,84	0,86
7	0,87	0,88	0,89	0,90	0,92	0,93	0,94	0,95	0,97	0,98
8	0,99	1,00	1,02	1,03	1,04	1,05	1,07	1,08	1,09	1,10
9	1,12	1,13	1,14	1,15	1,17	1,18	1,19	1,20	1,21	1,23
10	1,24	1,25	1,26	1,28	1,29	1,30	1,31	1,33	1,34	1,35
11	1,36	1,38	1,39	1,40	1,41	1,43	1,44	1,45	1,46	1,48
12	1,49	1,50	1,51	1,52	1,54	1,55	1,56	1,57	1,59	1,60
13	1,61	1,62	1,64	1,65	1,66	1,67	1,69	1,70	1,71	1,72
14	1,74	1,75	1,76	1,77	1,79	1,80	1,81	1,82	1,83	1,85
15	1,86	1,87	1,88	1,90	1,91	1,92	1,93	1,93	1,96	1,97
16	1,98	2,00	2,01	2,02	2,03	2,05	2,06	2,07	2,08	2,10
17	2,11	2,12	2,13	2,15	2,16	2,17	2,18	2,20	2,21	2,22
18	2,23	2,24	2,26	2,27	2,28	2,29	2,31	2,32	2,33	2,34
19	2,36	2,37	2,38	2,39	2,41	2,42	2,43	2,44	2,45	2,47
20	2,48	2,49	2,50	2,52	2,53	2,54	2,55	2,57	2,58	2,59
21	2,60	2,62	2,63	2,64	2,65	2,67	2,68	2,69	2,70	2,72
22	2,73	2,74	2,75	2,76	2,78	2,79	2,80	2,81	2,83	2,84
23	2,85	2,86	2,88	2,89	2,90	2,91	2,93	2,94	2,95	2,96
24	2,98	2,99	3,00	3,01	3,03	3,04	3,05	3,06	3,07	3,09
25	3,10	3,11	3,12	3,14	3,15	3,16	3,17	3,19	3,20	3,21
26	3,22	3,24	3,25	3,26	3,27	3,29	3,30	3,31	3,32	3,33
27	3,35	3,36	3,37	3,38	3,40	3,41	3,42	3,43	3,45	3,46
28	3,47	3,48	3,50	3,51	3,52	3,53	3,55	3,56	3,57	3,58
29	3,60	3,61	3,62	3,63	3,64	3,66	3,67	3,68	3,69	3,71
30	3,72	3,73	3,74	3,76	3,77	3,78	3,79	3,81	3,82	3,83
31	3,84	3,86	3,87	3,88	3,89	3,91	3,92	3,93	3,94	3,96
32	3,97	3,98	3,99	4,00	4,02	4,03	4,04	4,05	4,07	4,08
33	4,09	4,10	4,12	4,13	4,14	4,15	4,17	4,18	4,19	4,20
34	4,21	4,23	4,24	4,25	4,26	4,28	4,29	4,30	4,31	4,33
35	4,34	4,35	4,36	4,38	4,39	4,40	4,41	4,43	4,44	4,45
36	4,46	4,47	4,49	4,50	4,51	4,52	4,54	4,55	4,56	4,57
37	4,59	4,60	4,61	4,62	4,64	4,65	4,66	4,67	4,69	4,70
38	4,71	4,72	4,73	4,75	4,76	4,77	4,78	4,80	4,81	4,82
39	4,83	4,85	4,86	4,87	4,88	4,90	4,91	4,92	4,93	4,95
40	4,96	4,97	4,98	5,00	5,01	5,02	5,03	5,05	5,06	5,07

RÉDUCTION DU BAROMÈTRE A ZÉRO.

DEGRÉS CENTIGRADES.	773 MILLIMÈTRES.									
	0°,0.	0°,1.	0°,2.	0°,3.	0°,4.	0°,5.	0°,6.	0°,7.	0°,8.	0°,9.
°	mm	mm	mm	mm	mm	mm	mm	mm	mm	mm
4	0,50	0,51	0,52	0,54	0,55	0,56	0,57	0,59	0,60	0,61
5	0,62	0,64	0,65	0,66	0,67	0,69	0,70	0,71	0,72	0,74
6	0,75	0,76	0,77	0,79	0,80	0,81	0,82	0,84	0,85	0,86
7	0,87	0,89	0,90	0,91	0,92	0,94	0,95	0,96	0,97	0,99
8	1,00	1,01	1,02	1,04	1,05	1,06	1,07	1,09	1,10	1,11
9	1,12	1,13	1,15	1,16	1,17	1,18	1,20	1,21	1,22	1,23
10	1,25	1,26	1,27	1,28	1,30	1,31	1,32	1,33	1,35	1,36
11	1,37	1,38	1,40	1,41	1,42	1,43	1,45	1,46	1,47	1,48
12	1,50	1,51	1,52	1,53	1,55	1,56	1,57	1,58	1,60	1,61
13	1,62	1,63	1,65	1,66	1,67	1,68	1,70	1,71	1,72	1,73
14	1,75	1,76	1,77	1,78	1,80	1,81	1,82	1,83	1,85	1,86
15	1,87	1,88	1,90	1,91	1,92	1,93	1,95	1,96	1,97	1,98
16	2,00	2,01	2,02	2,03	2,05	2,06	2,07	2,08	2,10	2,11
17	2,12	2,13	2,15	2,16	2,17	2,18	2,20	2,21	2,22	2,23
18	2,25	2,26	2,27	2,28	2,30	2,31	2,32	2,33	2,35	2,36
19	2,37	2,38	2,40	2,41	2,42	2,43	2,45	2,46	2,47	2,48
20	2,50	2,51	2,52	2,53	2,55	2,56	2,57	2,58	2,60	2,61
21	2,62	2,63	2,64	2,66	2,67	2,68	2,69	2,71	2,72	2,73
22	2,75	2,76	2,77	2,78	2,79	2,81	2,82	2,83	2,84	2,86
23	2,87	2,88	2,89	2,91	2,92	2,93	2,94	2,96	2,97	2,98
24	2,99	3,01	3,02	3,03	3,04	3,06	3,07	3,08	3,09	3,11
25	3,12	3,13	3,14	3,16	3,17	3,18	3,19	3,21	3,22	3,23
26	3,24	3,26	3,27	3,28	3,29	3,31	3,32	3,33	3,34	3,36
27	3,37	3,38	3,39	3,41	3,42	3,43	3,44	3,46	3,47	3,48
28	3,49	3,51	3,52	3,53	3,54	3,56	3,57	3,58	3,59	3,61
29	3,62	3,63	3,64	3,66	3,67	3,68	3,69	3,71	3,72	3,73
30	3,74	3,76	3,77	3,78	3,79	3,81	3,82	3,83	3,84	3,86
31	3,87	3,88	3,89	3,91	3,92	3,93	3,94	3,96	3,97	3,98
32	3,99	4,00	4,02	4,03	4,04	4,05	4,07	4,08	4,09	4,10
33	4,12	4,13	4,14	4,15	4,17	4,18	4,19	4,20	4,22	4,23
34	4,24	4,25	4,27	4,28	4,29	4,30	4,32	4,33	4,34	4,35
35	4,37	4,38	4,39	4,40	4,42	4,43	4,44	4,45	4,47	4,48
36	4,49	4,50	4,52	4,53	4,54	4,55	4,57	4,58	4,59	4,60
37	4,62	4,63	4,64	4,65	4,67	4,68	4,69	4,70	4,72	4,73
38	4,74	4,75	4,77	4,78	4,79	4,80	4,82	4,83	4,84	4,85
39	4,87	4,88	4,89	4,90	4,92	4,93	4,94	4,95	4,97	4,98
40	4,99	5,00	5,02	5,03	5,04	5,05	5,07	5,08	5,09	5,10

RÉDUCTION DU BAROMÈTRE A ZÉRO.

DEGRÉS CENTIGRADES.	780 MILLIMÈTRES.									
	0°,0.	0°,1.	0°,2.	0°,3.	0°,4.	0°,5.	0°,6.	0°,7.	0°,8.	0°,9.
°	mm	mm	mm	mm	mm	mm	mm	mm	mm	mm
4	0,50	0,51	0,53	0,54	0,55	0,56	0,58	0,59	0,60	0,62
5	0,63	0,64	0,65	0,67	0,68	0,69	0,70	0,72	0,73	0,74
6	0,75	0,77	0,78	0,79	0,80	0,82	0,83	0,84	0,85	0,87
7	0,88	0,89	0,90	0,92	0,93	0,94	0,95	0,97	0,98	0,99
8	1,00	1,02	1,03	1,04	1,05	1,07	1,08	1,09	1,10	1,12
9	1,13	1,14	1,16	1,17	1,18	1,19	1,21	1,22	1,23	1,24
10	1,26	1,27	1,28	1,29	1,31	1,32	1,33	1,34	1,36	1,37
11	1,38	1,39	1,41	1,42	1,43	1,44	1,45	1,47	1,48	1,49
12	1,51	1,52	1,53	1,54	1,56	1,57	1,58	1,59	1,61	1,62
13	1,63	1,65	1,66	1,67	1,68	1,70	1,71	1,72	1,73	1,75
14	1,76	1,77	1,78	1,80	1,81	1,82	1,83	1,85	1,86	1,87
15	1,88	1,90	1,91	1,92	1,93	1,95	1,96	1,97	1,98	2,00
16	2,01	2,02	2,03	2,05	2,06	2,07	2,08	2,10	2,11	2,12
17	2,13	2,15	2,16	2,17	2,18	2,20	2,21	2,22	2,23	2,25
18	2,26	2,27	2,29	2,30	2,31	2,32	2,34	2,35	2,36	2,37
19	2,39	2,40	2,41	2,42	2,44	2,45	2,46	2,47	2,49	2,50
20	2,51	2,52	2,54	2,55	2,56	2,57	2,59	2,60	2,61	2,62
21	2,64	2,65	2,66	2,67	2,69	2,70	2,71	2,72	2,74	2,75
22	2,76	2,78	2,79	2,80	2,81	2,83	2,84	2,85	2,86	2,88
23	2,89	2,90	2,91	2,93	2,94	2,95	2,96	2,98	2,99	3,00
24	3,01	3,03	3,04	3,05	3,06	3,08	3,09	3,10	3,11	3,13
25	3,14	3,15	3,16	3,18	3,19	3,20	3,22	3,23	3,24	3,25
26	3,27	3,28	3,29	3,30	3,32	3,33	3,34	3,35	3,37	3,38
27	3,39	3,40	3,42	3,43	3,44	3,45	3,47	3,48	3,49	3,50
28	3,52	3,53	3,54	3,55	3,57	3,58	3,59	3,60	3,62	3,63
29	3,64	3,65	3,67	3,68	3,69	3,70	3,72	3,73	3,74	3,75
30	3,77	3,78	3,79	3,80	3,82	3,83	3,84	3,85	3,87	3,88
31	3,89	3,91	3,92	3,93	3,94	3,96	3,97	3,98	3,99	4,01
32	4,02	4,03	4,04	4,06	4,07	4,08	4,09	4,11	4,12	4,13
33	4,14	4,16	4,17	4,18	4,19	4,21	4,22	4,23	4,24	4,26
34	4,27	4,28	4,29	4,31	4,32	4,33	4,34	4,36	4,37	4,38
35	4,40	4,41	4,42	4,43	4,45	4,46	4,47	4,48	4,49	4,51
36	4,52	4,53	4,55	4,56	4,57	4,58	4,60	4,61	4,62	4,63
37	4,65	4,66	4,67	4,68	4,70	4,71	4,72	4,73	4,75	4,76
38	4,77	4,78	4,80	4,81	4,82	4,83	4,85	4,86	4,87	4,89
39	4,90	4,91	4,92	4,94	4,95	4,96	4,97	4,99	5,00	5,01
40	5,02	5,04	5,05	5,06	5,07	5,09	5,10	5,11	5,12	5,14

9 782016 129340